사람은 방사선에 왜 약한가

전파과학사는 독자 여러분의 책에 관한 아이디어와 원고 투고를 기다리고 있습니다. 디아스포라는 전파과학사의 임프린트로 종교(기독교), 경제·경영서, 일반 문학 등 다양한 장르의 국내 저자와 해외 번역서를 준비하고 있습니다. 출간을 고민하고 계신 분들은 이메일 chonpa2@hanmail.net로 간단한 개요와 취지, 연락처 등을 적어 보내주세요.

사람은 방사선에 왜 약한가

방사선 공포증을 안정시킨다

—
초판 1쇄 1996년 06월 05일
개정 1쇄 2024년 03월 12일

—
지 은 이 곤도 소헤이
옮 긴 이 정운혁
발 행 인 손동민
디 자 인 강민영, 김현아

—
펴 낸 곳 전파과학사
출판등록 1956년 7월 23일 제 10-89호
주 소 서울시 서대문구 증가로18, 204호
전 화 02-333-8877(8855)
팩 스 02-334-8092
이 메 일 chonpa2@hanmail.net
홈페이지 www.s-wave.co.kr

ISBN 978-89-7044-651-6 (03420)

사람은 방사선에 왜 약한가

방사선 공포증을 안정시킨다

곤도 소헤이 지음 | 정운혁 옮김

전파과학사

머리말

사물들 생겨져 상애이 계획 후들미기

원폭 직후, 파괴된 히로시마를 방문한 나는 지금도 그 광경을 잊을 수가 없다. 나는 물리학과 학생으로서 교토대학의 원폭조사대 제2반에 참가했었다. 패전 후에는 여러 가지 직업을 거친 후에, 1963년 오사카대학 의학부에 방사선의 영향에 대해 교육하고 연구하는 강좌가 신설되어, 운 좋게도 그것을 맡게 됐다. 그래서 물리학에서 기초 의학으로 전공을 옮겼다. 처음 10년 동안은 대장균을 사용해서 '생명은 방사선에 왜 약한가'라는 문제에 몰두하였다.

방사선은 대장균의 유전 물질에 아주 작은 상처를 입힐 뿐이지만, 치료되지 않으면 상처는 자연 확대되어 치명상이 된다. 상처를 자연 확대하는 바보 같은 짓을 왜 하는가. 그것은 사람을 포함해서 생물체 전체가 지켜야 하는 생명의 규칙이기 때문이다.

'방사선이 두렵기 때문에 두려운 이유를 알고 싶다.' 이렇게 생각하는 사람들에게 답할 작정으로 이 책을 엮어 보았다. 방사선에 의한 상처는 정도가 작으면 자연히 치유된다. 이것은 유전자 수준의 현상이다. 방사선에 대한 두려움의 수수께끼 풀이는 셜록 홈즈의 추리소설처럼 흥미롭다. 흥미의 초점은 우리의 생명 활동을 지탱하고 있는 여러 분자의 절묘한 작용에 있다. 그 수수께끼가 바이오테크의 첨단 기술로 풀리기 시작했다. 예를 들면, 암유전자의 작용에 대해 어느 정도 알려졌다. '방사선에 의한 발암'의 장에서는 이러한 최신 지식을 종합해서 발암의 구조에 관한 새로운 생각을 자세히 기술했다.

원폭·원자력발전·의료 등에 따르는 방사선에 대한 불안, 미국의 배우 존웨인의 죽음과 '죽음의 재'와의 관련, 이들 문제도 이 책에서 다루었다. 방사선의 인체 영향에 관한 중요한 데이터는 거의 빠짐없이 수록했다. 이 때문에 딱딱한 부분도 있다. 이것들은, 명백하게 쓴 내용은, 전문적인 비판에 대응하기 위한 뒷받침이다. 이 책 한 권이면 '미량 피폭 방사선을 올바르게 무서워한다'는 마음가짐을 키우기 바라면서 마무리했다.

그런데 미량 방사선은 두렵지 않은 것은 아닌가 하는 생각도 있다. 우리는 매년 미량의 자연방사선 중에서 생활하고 있다. 이와 같은 일상생활은 인간의 선조가 지구상에 탄생한 500만 년 전부터 계속되고 있다. 따라서 자연방사선 정도의 미량 피폭에도 인간의 몸은 견디도록 적응·진화되어 있음이 틀림없다. 이런 생각을 진지하게 다루었다.

사진, 그림, 표 및 기존 서적의 인용에 관해서 도움을 준 모든 분에게 감사를 전하고 싶다. 이와나미서점, 학회출판센터, 니시나기념재단, 방사선영향연구소, 일경사이언스사.

이 책을 정리함에 있어서 그림과 표의 전재를 허가해 주고, 자료의 수집이라든지 본문의 내용에 대해서 도움과 지시를 아끼지 않은 다음 분들에게 심심한 감사를 드린다. 가토(加藤寬夫), 오기타(大北威), 손(巽純子), 하시(橋語雅),

사토(左渡敏彦), 마츠다이라(松平寬通), 사쿠마(左久間貞行), 아오야마(靑山喬), 미키(三木吉治), 요코지(橫路謙次郞), 아와(阿波章夫), 야마모토(山本雅), 사토(佐建二), 쿠리시타(栗下昭弘), 사카키마라(木神原吉朗), 양(梁永弘), 이시이(石井裕), 노무라(野村大成), 특히 삽화의 일부를 그려준 야마모토(山本眞理子)의 모든 분들, 끝으로 이 책의 성립에 가장 큰 힘과 인내를 가지고 집필이 느린 저자의 눈을 열어준 고단사(講談社)의 이케코시(生越孝) 씨와 이 책의 작업에 노고를 아끼지 않은 야나기다(柳田和哉) 씨에게 매우 감사를 드린다. 더욱이, 이런 종류의 작은 책의 틀을 넘어서 그림, 표, 문헌, 그 인용을 전문서에 가깝게 하고 싶었던 필자의 이기심에 대한 고단샤의 관용에 깊은 감사를 표한다.

1985년 11월

곤도 소헤이

방사선의 작용(=피폭량에 비례)을 재는 단위

rad(라드) = cGy(센티그레이) 피폭량을 물리적으로 측정할 때의 단위

rem(렘) = cSv(센티시버트) 피폭량을 인체 영향의 위험도를 가미해서 계산할 때의 단위

R(뢴트겐) = X선 또는 감마선을 공기에 쪼였을 때의 전기 발생량으로 추정할 때의 단위

예 : 알파선 1rad=20rem; 고속 중성자 1rad=10rem;

X선 1rad=1rem; 1R=0.91~0.96rad;

1mrad:1/1000rad; 1mrem=1/1000rem

새단위 : 1Gy=100cGy=100rad;

1Sv=100cSv=100rem

방사능(=방사선을 발사하는 초능력) 세기 단위

1Bq(베크렐) = 매초 1개 방사선 입자를 발사하는 능력.

3,000Bq = 매초 3,000개 방사선을 연속 발사

    = 인체 내에 있는 칼륨 원소의 방사능의 세기

    = 매일 약 3억 개의 방사선 입자를 피폭

    = 1년간에 0.02rad의 피폭량.

    (43, 84페이지 참조)

개정 신판 머리말

이 책의 구판은 오사카대학 정년퇴직 기념으로 집필했다. 그 후 긴키대학에서 연구할 수 있는 좋은 기회를 얻게 되었는데 최초로 체르노빌 사고를 접했다. TV 연출가의 "오사카대학의 학부 재직 중에 몇 사람의 학생을 가르쳤는가"라는 질문에 "약 2,500명"이라고 대답했다. TV에서는 100만 명의 청중이라고 가르쳐 주었다. 고등학교 선생으로 이루어진 이과 연구회에서 이 책의 구판을 바탕으로 자신만만하게 강연한 적이 있다. 그때 "라듐 온천은 몸에 효과가 있는가 해로운가"라는 질문에 답이 막혔다. 그 후로 저선량 피폭의 건강 조사 자료를 모으기 시작했다. 모은 자료가 체르노빌 사고에 의한 방사능에 겁을 먹고 있는 사람들을 안심시켜 주는 힘을 가지고 있다는 것을 알게 되어 개정판 8장을 썼다.

시민을 위한 과학이 지금 나에게는 큰 과제이다. 나의 가치관이 변했다. 그에 따라서 구판에서 애매하게 표현한 곳을 개정했다. 최근, 발암성 화학물질의 약 절반은 '문턱값' 이상의 대량 투여로만 암을 발병시키는 것으로 알려졌으며, '문턱값형 발암' 기구도 알려졌다. 이 새로운 지식을 일보 진전시켜 '조직의 수복 오류에 의한 발암설'을 개정판에 추가했다.

개정은 양적으로는 적은 것처럼 보이나 질적인 변화가 이 책 구판의 구석구석에 반영되었다고 나는 생각하고 있다. 독자의 비판을 받고 싶다.

개정에 즈음하여 기(魏履新), 카나메(要協安), 오크무라(奧村寬), 미네(三根眞理子), 사카모토(坂本澄彦), 타케베(武部效), 야마다(山田武), 고바야시(小林定喜), 우치야마(內山正史), 이토(伊藤挌夫) 등 여러 분의 도움에 깊은 감사를 표한다.

1991년 2월

곤도 소헤이

범례

이 책은 알기 쉽게 하기 위해서 명백하게 결론지어서 쓴 곳이 많다. 더 자세히 알고 싶어하는 사람을 위해서 참고로 일본어의 저서와 총설을 책의 말미에 실었다.

절의 제목, 문 중에 첨가한 *(3), **(서장 5), **(2-4) 등의 숫자 기호는 권말 문헌목록의 해당 번호의 문헌을 참고로 한 것을 의미한다(*: 같은 장의 문헌 3, **: 서장의 문헌 5, 2장의 문헌 4를 의미한다). 표 중의 한쪽 괄호 1)은 문 중의 행간주 (1)을 의미한다.

최신 정보를 담기 위해서 영문 원저 논문도 인용하고, 저자의 수가 많아서 표제가 길어도 생략하지 않았다. 실험적 증거를 얻는 데 많은 사람의 협력이 필요하다는 것을 밝히고 독자에게 읽을 마음을 일으키게 하기 위한 것이다. 몇 가지는 1차 정보의 영문 원저를 인용했다. 따라서 이 책은 소책자이긴 하지만 방사선과 생명과학을 연구하는 전문가의 비판에 대응하도록 엄밀하게 썼다. 그러나 재주 없는 몸이라 오류는 피할 수가 없다. 독자의 비판을 바란다.

차례

나의 청춘과 원자방사선

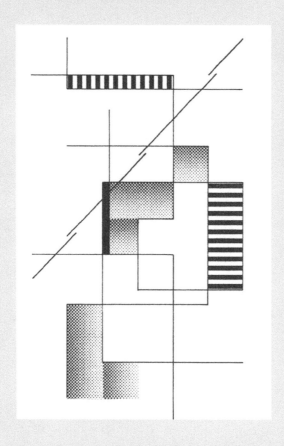

1945년 8월 13일 아침, 야간열차에서 내린 나는 반파된 히로시마역의 플랫폼에 잠시 망연히 서 있었다. 히로시마의 시가는 사라지고 바다까지 한눈에 보이는 것이 아닌가(그림 1). 이것은 틀림없이 원자폭탄에 의한 파괴라고 생각했다.

트루먼 대통령의 원폭 투하 성명

당시 나는 교토대학 이학부의 물리학과 실험원자핵 물리 교실의 3회 생이었다. 9월 졸업이 눈앞이었다. 같은 연구실의 대학원생 H씨가 우라늄의 원자핵분열 실험을 하고 있었으므로 우라늄 235를 농축시키면 핵폭발이 일어난다는 원리는 알고 있었다. 8월 6일, 미국의 대통령 트루먼이 "강대한 폭발력을 가진 원자폭탄을 히로시마에 투하했다"라고 발표한 뉴스가 전해졌다. 이것은 교실의 M씨가 자기가 만든 단파 라디오 호놀룰루의 라디오 방송을 몰래 듣고 안 것이다.

교토대학 원폭물리조사반의 편성

8월 8일은 불가침 조약을 깨고 구소련이 일본에 전쟁을 선포한 날이다. 이날 오후 교토 사단사령부로부터 연구실의 아라카츠(荒勝文策) 교수에게 요청이 있어 교토대학 조사반[1]이 편성되었고, 일행은 야간열차로

그림 1 | 원폭으로 타버린 히로시마 시가

히로시마에 갔다. 이 조사반은 12일 낮에 히로시마 시내의 흙과 모래를 가지고 돌아왔다. 서연병장(西練兵場)의 흙과 모래에서 강한 방사능을 확인했다. 이것은 큰일이었으므로, 2차 조사반[2]이 편성되어 시미즈(清水榮) 강사(현 교토대학 명예교수)를 반장으로 총 9명이 12일 야간열차로 히로시마로 향했다. 그 반에는 학생으로서 나 이외에 T, A, I의 세 사람이 참가했다.

히로시마의 비참을 보다

당시의 일을 되돌아보면, 폭발 중심부 근처의 타다 남은 콘크리트 건물 안의 광경이 아직도 눈에 선하다. 거기에 많은 사람이 누워 있었다. 얼굴이며 손발의 여기저기는 소독약인 '머큐로크롬(mercurochrome)'이 새빨갛게 칠해져 있었다. 머리카락이 짧아서 남자라고 생각했는데 자세히 보니 대부분이 여자였다. 폭탄의 강렬한 열선으로 피부가 그슬리고 머리카락이 타버린 무참한 꼴이었다. 그것을 알게 되기까지는 상당한 시간이 걸렸다. 그래서 아무것도 해 줄 수 없는 자신의 무력함을 새삼 깨달았다.

거리 안의 도로는 제법 정리되어 있었다. 채취물의 목록 중에 칼슘이 있었다. 그래서 길바닥의 흰 것을 주워 보니 그것은 화장을 한 후의 뼈의 잔재였다. 보니 길바닥에 쭉 그런 잔재가 산재해 있는 것이 아닌가. 이상한 냄새 때문에 가는 곳마다 고통스러웠다. 그럭저럭 그것이 타버린 시체 냄새라는 것을 알아차렸다. 타버린 가옥 아래에는 많은 사람이 죽어 있었다. 시체는 아직 정리되지 않은 채였다. 그 냄새 때문에 낮 시간이 되어도

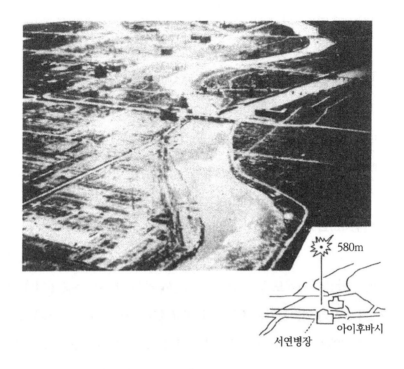

580m

아이후바시

서연병장

그림 2 | 히로시마의 폭발 중심 부근

도시락을 먹을 기분이 들지 않았다.

　그러나 인간은 곧 환경에 익숙해지는가 보다. 3시쯤 되니 갑자기 배가 고팠다. 어쨌든 23세의 젊음이고, 뜨거운 날씨에 방사능을 쬐인 것이라고 생각되는 물건을 찾아 돌아다니며 넓은 지역을 열심히 헤매었으므로 배가 고픈 것은 당연하다. 냄새에도 익숙해졌다. 미리 약속한 장소에 모여서 늦은 점심을 먹기 시작했다. 전 시내가 비참하게 파괴된 상황에서

18

도, 다행히 수도는 거의 손상이 없어, 물을 얼마든지 마실 수 있었던 것이 고마웠다. 보통의 폭탄이라면 피해가 이렇지는 않았을 것이다. 약간 뻔뻔스럽게 식사를 하고 있노라니 I군이 "이봐 자네가 걸터앉아 있는 곳이 무덤 위가 아닌가"라고 말한다. 당황하여 일어나서 자세히 보니 수북이 쌓은 흙 위에 앉아 있었다. 그 흙더미는 새로운 것이었다.

내가 담당한 채집 구역은 폭발 중심지라고 생각되는 묘지의 북쪽 일대였다(그림 2). 꽤 넓은 묘지였으나 묘석이 여러 방향을 향해서 넘어져 있는 것으로 보아 그 상공에서 폭발이 발생했다는 것을 알 수 있었다. 상공회의소를 바른쪽으로 보고 가면 아이오이교(相生橋)라는 다리가 있는데, 이 다리의 난간도 넘어져 있었다.

방사성 물질의 채취[(1)]와 패전의 칙서

13일과 14일 이틀에 걸쳐 채집하고 돌아다녔다. 몇 번이고 불탄 자리를 터는 도둑으로 오해받았다. 배낭에 상당한 양의 자료가 모아졌다. 14일 야간열차로 히로시마를 떠나서 15일 아침 교토역에 닿았다. 대학 연구실에 돌아온 것은 천황의 종전선포 방송이 나오기 바로 직전이었다.

패전 후의 혼란으로 정신적으로는 불안정하였으나, 그래도 채집한 자료의 방사능을 분담해서 측정했다. 측정기는 아라카츠연구소(荒勝研究所) 제작의 가이거-뮐러(GM) 계수관이고, 전기 증폭 회로는 졸업 실험에서 자작으로 만든 것이었다. 내가 사이고지(西向寺)의 북쪽 불탄 자리에서 주워 온 전력계의 회전판(자세히 말하면 중심 회전부의 접합금속)이

교토대학 조사대에서는 최고의 방사능을 나타냈다. 그것에 조금 우쭐해 하던 자신을 생각하면 부끄러워진다. 그것보다는 아라카츠연구소 제작의 GM계수관의 감도를 표준동위원소로 교정해야 했다. 이화학연구소의 야마자키(山崎文男) 박사는 로리첸(Lauritsen) 검전기의 감도를 표준방사능물질로 교정하고 나서 황의 유도방사능을 측정했다. 그 자료와 우리의 측정 결과는 최근에 이르러 히로시마 원자폭탄의 빠른 중성자 선량 재평가에서 가장 귀중한 자료가 되었다.

전쟁 후의 정착되지 않은 생활

9월 말에 교토대학을 졸업하고 잠깐 동안 연구실에 남았었다. 그러나 건설 중이던 사이클로트론이 미군에 의해서 철거되어 바다에 버려지고, 원자핵 실험이 금지되자 나는 고향인 규슈(九州)의 구루메(久留米)로 돌아왔다.

전쟁 후의 혼란기여서 직장이 없어 라디오 가게 등 여러 가지 일을 하였다. 그러던 중 근처에 N방적회사가 생겨 그곳의 전기담당 직책을 얻게 됐다. 중학교 시절의 친구의 친구인 I군의 도움으로 전기담당 업무를 익혔다. 얼마 안 있어서, 근처의 K 대학에 부설 고등학교가 신설되어 그곳에서 2년간 근무하고, 다음에 구마모토(熊本)의 K여자 학원으로 옮겼다. 기회를 보아 구마모토 대학의 물리학 교실에서 K씨, N씨와 이론물리 공부를 시작했다. 3년 후에는 교토에 돌아와서 K 여자고등학교에 근무하면서 물성론 연구의 일원이 되었다. 전쟁 후의 물자 결핍기에는 종이와 연필과 시간만 있으면 할 수 있는 이론물리의 공부가 즐거웠다. 액체 표면장력의 분자론에 대해서 하라지마(原島鮮), 오카(岡小天), 오노(小野周) 여러 선생님의 지도를 받았다.

행운의 여신 '표면장력의 분자론'

미국의 전문 잡지에 보낸 논문이 그것을 심사한 저명한 T. L. 힐 교수의 눈에 들었다. 그에게 다음과 같은 편지를 받았다. '독일의 슈프링거 출판사의 물리백과전서에 액체 표면장력의 분자론 총설을 쓰게 되었는데, 귀하께서 일본에서 선배 연구자를 찾아서 공저로 이것을 맡아 준다면 그렇게 출판사에 추천하겠다.' 이런 명예로운 일이 또 있겠는가. 선배나 친구들의 격려로 오노 교수와 공저로 영문의 총설(그림 3)을 쓰게 되었다. 30세 중반의 약 3년 간 이 일에 몰두했다. 이 체험은 내게 과학에 대한 진짜 흥미와 엄격함을 느끼게 해 주었다. 복잡하게 보이는 현상의 근저(根底)에는 흔히 단순한 법칙이 숨겨져 있다. 나는 그것을 찾는 일에 가장 매력을 느낀다.

유전학 연구소 취직과 비키니 사건

국립 유전학연구소에 방사성동위원소 시설이 신설되어 1956년 방사선물리의 담당자로 일하게 되었다. 그러므로 방사선 연구에 전념할 수 있게 되었고, 짬을 내어서는 앞의 영문 총설의 집필에 열중하였다. 바로 '비키니 사건'으로 국내에 큰 소동이 일어나고 있는 때였다.

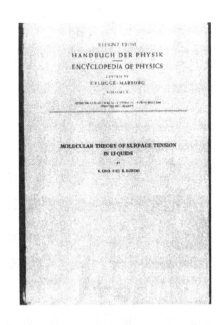

그림 3 | 『액체 표면장력의 분자론』(영문 총설의 표지)

1954년 3월 1일, 비키니 환초(環礁)에서 미국의 수소폭탄 실험이 행해졌다. 우연히 그 근처에서 다랑어잡이를 하고 있던 제5후쿠류마루(弟5福龍丸)가 핵분열의 낙진을 맞아서, 선원 23명이 방사성 물질을 덮어썼다. 이 낙진은 '죽음의 재'라고 불리며, 원자폭탄의 공포가 신문 등을 통해서 크게 보도되었다. 국내의 자연과학자는 이학, 농학, 의학, 공학 등 광범위한 분야로부터 전문 분야를 초월해서 비키니 사건에 관련되는 분야, 즉 방사능 영향에 관해서 공동연구에 착수했다. 그 당시는 패전 후의 재정난 시대로서, 참가한 연구자의 노력은 대단한 것이었다.

1958년 UN 과학위원회[2]

1958년 UN 과학위원회는 '원자방사선의 영향'이라고 하는 보고서를 UN 총회에 제출했다. 이것은 잇따른 원자핵폭발 실험에 수반 되는 낙진, 또 원자력 평화 이용의 진전과 더불어 생기는 방사선이 인체에 어느 정도의 장해를 주는가에 관한, 입수할 수 있는 모든 과학적 자료에 의거하여 가장 정확하게 추정한 것이다. 이 위원회의 일본정부 대표는 쓰즈키(都築正男) 박사(일본 적십자병원장, 도쿄대학 명예교수)였다. 이 보고서는 1956년부터 2년에 걸쳐 작성된 훌륭한 것이며, 당시에 있어서 방사선 과학의 하나의 집대성이었다. 이 보고서 작성에 큰 노력을 한 다지마(田島英三)와 히노키야마(檜山義夫) 두 선생님이 쓰즈키 선생님을 모시고 1958년 UN 과학위원회에 참석하는 도중 오크리지(Oak Ridge) 미국 국립연구소를 방문했다(그림 4). 바로 그때 그곳의 생물부에 방사선물리학의 연구를 위해 유학을 하고 있던 필자는 처음으로 '비키니 사건'과 유사한 핵폭발 낙진에 의한 방사선 영향이 국제적으로 주목을 받고 있다는 것을 알았다.

이 UN 과학위원회는 15개국 아르헨티나, 호주, 벨기에, 브라질, 캐나다, 체코슬로바키아, 이집트, 프랑스, 인도, 일본, 멕시코, 스웨덴, 소련, 영국, 미국으로부터 선출된 한 명씩의 위원으로 되어 있었다. 주목해야 할 것은, 일본은 당시 아직 UN에 가입되어 있지 않았는데도 특별히 지명되어 UN 위원회에 초청된 점이다. 이 UN 보고는 일본어로 번역되어 쓰즈키 선생님이 경과보고로 실었다. "이 과학위원회의 업무에 대해서 일

Reading L to R - Dr. Eizo Tajima, Professor, St. Paul University, Tokyo, Japan; Dr. Masao Tsuzuki, Director, Japan Red Cross Central Hospital, Tokyo, Japan; Dr. Yoshio Hiyama, Professor, Tokyo University, Tokyo, Japan; Sohei Kondo, National Institute of Genetics, Japan; Alexander Hollaender, ORNL. Members of Japanese Delegation to UN. Visit of March 6, 1958.

그림 4 | 오크리지 미국 국립연구소 생물부 방문, 오른쪽으로부터 A. 호렌더 생물부장, 다음
이 필자(1958년 3월 6일).

본학술회의 및 기타 학술단체 사람들의 협력과 원자력위원회, 외무성, 과
학기술청, 해외 외교기관의 원조를 감사한다"라고 한 끝맺는 말이 인상
적이다. 현재보다도 궁핍했던 당시의 일본인은 방사선 영향연구에 한 뭉
치가 되어 힘을 쏟은 것이다.

1958년의 UN 보고 중에는 비키니 사건의 낙진에 대한 보고를 비롯
하여 일본의 과학자의 데이터가 많이 등장하고 있다. 그러나 히로시마,
나가사키의 원자폭탄의 영향에 관해서는 백혈병의 보고가 있을 뿐 거의

주목되지 않았다.

유리 선량계와 인공위성 제미니의 실험[(3)]

내가 오크리지 연구소에 일본 정부의 원자력 유학생으로서 가게 된
것은 국립 유전학연구소 돌연변이 유전부장 마쓰무라(故松村淸二) 선생
님의 요청에 의한 것이었다. 그 목적의 하나는 방사선량을 정확히 측정하
는 방법을 연구하고 오는 것이었다. 거기서 미국에서 막 개발한 인산 유
리의 연구를 열심히 했다. 이것은 방사선이 쪼이면 그 양에 비례해서 형
광발생 능력이 높아지는 성질을 가지고 있다. 그 특성은 귀국 후 당시 도
시바(東芝)의 물리학자 오코다(橫田良助) 박사에 의해서 세계에서 제일 높
게 되었다. 그래서 이것은 2인승 인공위성 제미니에 있어서 최초의 생물
실험에 큰 활약을 했다.

1965년 3월 23일, 나는 플로리다(Florida)의 케네디 우주센터에서 제
미니 3호가 발사되는 것을 보았다(그림 5A). 이 중에는 사람의 혈액세포
에 방사선(방사성 인32로부터의 베타선)을 조사(照射)하는 작은 장치(그
림 5B)가 적재되어 있었다. 인공위성이 궤도에 오른 후에 우주비행사가
실험 장치의 핸들을 틀면 세포에 방사선이 쪼여지도록 하는 장치이다.
조사 시간은 20분간 행해지도록 되어 있다. 쏘아 올린 실험 장치와 동일
한 것을 만들어 지상에서도 똑같이 20분의 조사 실험을 행했다. 이 실험
에서는 무중량 상태에서 피폭하면 지상에서의 피폭보다도 엄청나게 장
해가 강한지도 모른다고 하는 생각(스푸트니크를 사용한 생물실험과 자

그림 5A ｜ 제미니 타이탄 3호의 발사, 미국 최초의 2인승 위성선, 상단의 흑색 부분이 뒤에 회수된 부분.

연우주선의 세기로부터 구소련 과학자가 생각해 낸 추론)을 시험하는 것이 목적이었다. 따라서, 제미니 위성에서의 실험과 지상의 실험으로 세포의 피폭량을 정밀히 측정해서 동일한 선량에서 양자를 비교해 보아야 했다. 이 중요한 역할을 가는 막대 모양(1㎜×6㎜)의 오코다(橫田)의 유리 선량계가 훌륭히 해냈다. 이 계획을 기획한 동료인 M. A. 벤더는 매우

기뻐했다. 그런데 결과는 예상과는 조금 달라서 제미니 위성 안에서 피폭된 세포 쪽이 지상에서 피폭된 세포보다 장해(염색체 절단의 빈도)가 강하게 나타났다.

이 예상외의 결과에 M. A. 벤더도 나도 놀랐다. 항공우주국(NASA) 쪽도 이 결과를 중시하여 제미니11호로 추가 실험을 하는 비용을 내주었다. 두 번째 실험에서는 무중량(제미니의 비행 중) 상태에서도 지상에서

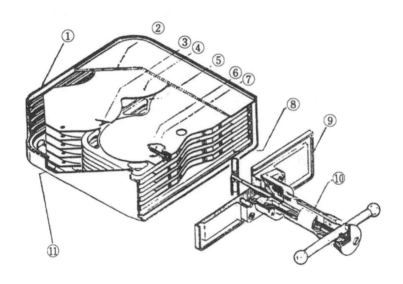

그림 5B │ 제미니 실험에 사용된 ^{32}P 조사 장치의 내부구조를 표시한 설계도[3] 비조사 위치에 있어서 배치도. ① 외투용기, ② 용기측판, ③ ^{32}P선원 원판, ④ 선원대판, ⑤ 혈액 용기, ⑥ 혈액, ⑦ 나사전(栓), 전간(栓幹) 안의 도시바(東芝) 유리막대 선량계, ⑧ 측정기, ⑨ 용기상측판, ⑩ 조사조작기구, ⑪ 대조(비조사) 혈액 용기

의 조사와 같은 정도의 염색체이상을 확인하고 이 계획은 막을 내렸다.

아폴로 계획과 방사능의 구름[3]

지구로부터 조금 떨어진 곳에 '방사능의 구름(밴 앨런대)'이 있다. 아폴로 계획에서 우주비행사가 달에 갔다 돌아올 때 이 방사능지대를 통과해야 한다. 약한 방사능이긴 하지만, 만약 무중량 아래에서의 방사선 피폭 영향이 지상의 경우보다 수십 배나 강하다고 하면 아폴로 계획은 중대한 변경을 해야 한다. 우리가 한 제미니에서의 실험(및 생물위성을 써서 행한 실험)은 이러한 걱정은 필요 없다는 것으로 나타났다. 아폴로 계획은 예정대로 실행되었다. 만약을 위해서 아폴로 계획에 참가한 모든 우주비행사에 대해서 혈액세포의 염색체이상이 조사되었으나 달의 비행에 의한 이상은 나타나지 않았다.

우주 생물 실험[3]

이야기가 조금 거슬러가지만, 1963년 나는 오사카대학 의학부에 신설된 방사선 기초 의학을 담당하게 되었다. 그 전에 오크리지 연구소로부터 유학 초청을 받고 있었는데, 9월에 오사카대학에 부임함과 동시에 다시 도미해서 방사선의 생물작용을 분자 수준에서 연구하는 새로운 분야에 발을 들여놓았다. 그런데 1964년 1월 5일 일요일, 오크리지의 아파트에 소란스럽게 울린 전화벨 소리가 단잠을 깨워 일어났다. M. A. 벤더의 목소리로 별일 없으면 곧장 연구소로 와 달라고 하는 것이다. 이리하여 제미니에 실을 실험 장치의 아이디어를 작성해서 그것을 항공우주국에 신청하고, 그것이 채용되어 전술한 바와 같은 결과가 되었다. 인공위성 실험에서는 당시 구소련 쪽이 훨씬 앞서 있었다. 구소련의 학자는 초파리, 자주달개비, 콩이나 밀, 쥐 등을 인공위성에 실어 우주 비행을 하면 염색체 이상이라든가 돌연변이가 증가한다는 것을 이미 보고하고 있었다. 이러한 생물의 영향이, 혹시 우주선에 의한 것이라면, 우주선의 양은 미량이므로 미량 방사선의 영향은 우주비행(무중량 상태로 되는 것)할 때 터무니없이 증폭된다는 결론이 된다.

벤더와 나의 생각은 방사성 물질로 투과력이 약한 방사선(베타선)을 내는 장치로 아주 대량의 방사선을 밀실 안에서 세포에 쪼였을 때 방사선장해가 지상과 우주비행 중에 서로 같은가 어떤가를 비교하자는 것이었다. 이 생각은 보다 대규모의 방사선원을 실을 무인위성에 의한 생물실험 계획에 채용되었다. 여기서는 여러 종류의 생물을 사용하여 여러 가지 생물작용에 대한 연구가 실행됐다. 나의 역할은 선량측정을 정확히 하는 것이었다. 이 생물위성선 2호는 1967년 9월 7일 케네디 우주센터로부터 발사되어 지구를 30바퀴 돈 뒤 회수됐다. 방사선장해가 무중량상태에 의해서 증강되는 것은 어떤 실험에서도 부정되었다. 그러나 방사선을 피폭하지 않은 실험 구역에서는 우주비행에 의해서 지상과 다른 생물작용이 일어나는 것이 많은 경우 발견됐다. 그러나 단 한 번의 실험으로는 그다지 결정지어 말할 수 없었다.

1968년 국제 유전학 회의가 도쿄에서 열렸다. 이때, '우주비행의 유전적 영향'이라는 국제 심포지엄을 열었다. 참가한 주역은 미국과 구소련의 학자이며, 나를 포함해서 일본 측은 회의의 주선과 토론의 중개를 맡았다. 세포의 분열, 염색체의 재조합, 발생이라는 생물의 기본적인 현상에 대해서 무중량상태(우주비행)가 미묘한 영향을 준다는 점에서는 구소련과 미국 학자의 연구 결과가 일치했다. 우주의 비행이 더욱 진전을 보이고 있는 현재 즉흥적인 착상이 아니라 진지하게 우주비행의 생물 영향이 연구되었으면 한다.

물리학에서 기초 의학으로

중학교 시절, 데라다(寺田寅彦) 선생님의 수필에 끌려 물리학을 지망했다. 수재가 넘치는 물리학자들 속에 섞여 전문 직장을 얻는 것은 어렵겠지만, 그런대로 대학 시절만은 자유롭게 학문을 하고 싶다는 생각과 속임수와 애매함이 없는 과학을 해 보고 싶다는 생각이었다. 대학은 도쿄보다도 자유로운 분위기가 넘쳐 있던 교토를 택했다. 다른 이유는 구마모토의 구제 제5고등학교 시절에 친하게 지내던 선배 I 씨의 교토대학 입학이었다. 이분으로부터, 이과를 전공하면서 문학의 매력을 배웠다. 대학을 졸업하면 나쓰메(夏目漱石)의 '도련님(坊っちゃん)'을 닮은 지방의 중학교에서 문학을 이해하는 이과 선생이 되는 것을 꿈꾸었다. 그러나 전쟁의 격동과 원자폭탄의 충격에 의해서 일시에 모든 꿈을 버리고 말았다.

패전 후는 닥치는 대로 여러 가지 일을 하던 중에 얼마간의 행운과 선배의 인도에 의해서 의학부의 방사선 기초 의학이라는 신설 강좌를 담당하게 되었다. 촌스러운 의학 전문만은 하지 않겠다고 생각하고 있던 내가 결과적으로는 가장 '제국대학답지 않은' 오사카대학 의학부에 평생직을 얻게 되었다. 처음 수년은 방사선물리의 입장으로부터 기초 방사선학을 강의했다. 방사선에 생명이 약한 것은 세균에서 사람까지 공통이다. 따라서, 세균을 사용하여 방사선 영향을 열심히 연구하면 방사선의 인체에 대한 영향의 기초도 해명될 터이다. 젊은 탓이라고 하나 물리학을 전공한 단순한 사람의 단순한 발상이었고 지금 생각하면 식은땀이 나온다. 그래도 함께 연구를 해 준 연구실원이나 국내외의 연구자의 원조에 의해서 세균의 방사선 생물학의 발전에 얼마간의 공헌을 할 수 있었다. 그리하여 실제로 사람 세포와 세균이 방사선에 대해서 기본적으로는 거의 같은 반응을 한다는 것이 국내외의 연구자의 노력으로 증명되었다. 이 일을 자랑삼아 학생들에게 강의하였더니 학생들의 맹렬한 비판을 받았다. "방사선에 대한 반응이 사람과 세균이 같다면, 사람은 방사선에 대한 저항력으로는 아무런 진화도 하지 않은 것이 아닌가"

원자폭탄과 니시나[4]

방사선의 인체에 대한 영향의 원점의 하나는 히로시마와 나가사키의 원자폭탄의 비참함을 직시하는 것이다. 학생들의 가르침으로 그때까지보다 이 문제의 공부에 열중하기로 했다. 1973년에 니시나 기념재단으로부터『원자폭탄—히로시마·나가사키의 사진과 기록[4]』이 출판되었다. 이 기록 중에는 교토대학 조사반의 기록도 오사카대학, 규슈 대학, 나가사키

의과대학 및 육해군에 의한 조사의 기록도 정확히 실려 있다. 그러나 이 책의 압권은 니시나(仁科芳雄) 박사를 단장으로 이화학연구소 그룹의 조사 활동의 성과이다. 니시나 박사의 말을 인용한다.

"원자폭탄의 공격을 받은 직후의 히로시마와 나가사키를 목격했던 나는 그 피해가 너무도 참혹해서 얼굴을 가리고 말았다. 눈도 코도 구별할 수 없을 정도로 화상을 입은 환자들이 어수선하게 한없이 드러누워 있는 것을 보고, 그 고통의 신음을 듣는 일은 정말로 생지옥에 온 것 같았다. …… 나는 조그만 언덕 위로부터 히로시마나 나가사키의 광경을 내려다보고 깊은 한숨이 나오는 것을 어찌할 수가 없었다. …… 어떻게 해서든 전쟁을 막지 않으면 안 되겠다고 생각했다."

박사는 〈원자폭탄의 영향〉이라는 기록영화의 제작에도 큰 노력을 기울였다. 영화의 제작은 1945년 9월에 시작했다. 도중에 점령군과의 트러블이 있었으나 박사 등의 알선으로 1946년 초에는 완성되었다. 그러나 영화필름은 미국으로 가져가 버렸다. 그리고 나서 박사는 1951년에 사망하였다. 이 필름이 일본에 되돌아온 것은 1965년이다. 이 필름의 일부는 『원자폭탄』 속에 사진으로서 실려 있다. 피폭 진실의 비참함을 알기에 영화보다 적절한 기록은 없다. 나는 1980년 나가사키 대학 의학부의 강당에서 처음으로 〈원자폭탄의 영향〉을 볼 기회를 얻어, 35년 전의 히로시마의 조사반에 참가했을 때의 일을 회상하여 내가 본 것은 겨우 일부에 지나지 않는다는 것을 알았다.

신극 여배우의 죽음

앞에서 다룬 기록서에는 또 한 분의 위대한 과학자가 등장한다. 당시의 도쿄대학 의학부 외과교수 쓰즈키 박사(그림 4 참조)이다. 박사는 1926년 유학지인 미국 뢴트겐 학회에서 다음과 같은 연구보고를 하였다. 10마리의 토끼에 3시간 동안 X선을 쪼였더니 전부 사망, 2시간의 경우는 2주 후에 90% 사망한다. 이것은 심부치료에 따르는 장해의 위험성을 나타낸 것이다. 그러나 미국의 학자는 실제 문제로서는 한 번에 전신에 X선을 쪼이는 일은 없고, 죽기까지 쪼이는 일은 가공사(架空事)라고 반박했다고 한다. 이 젊은 날의 동물실험의 결과와 똑같은 일이 원자폭탄의 인체 영향에서 현실적인 문제로서 쓰즈키 선생님 앞에 나타났다.

8월 16일 신극 여배우 한 사람이 도쿄 대학의 쓰즈키 외과에 입원하였다. 피폭 후 10일째이었는데, 30세 전후의 건강하게 보이는 사람으로 그때까지의 경과는 극도의 식욕부진 이외의 특별한 장해는 없었다고 한다. 다만, 그녀가 속해 있던 극단은 폭발 중심 부근에서 피폭당하였으므로 단원 17명 중 13명은 즉사, 살아남은 4명도 차례로 사망하여 도쿄 대학에 입원한 이 여성이 최후의 한 사람이었다.

입원 4일째가 되자 그녀의 머리칼이 빠지기 시작하고 등면의 찰과상이 급격히 악화했다. 수혈 및 그 밖의 처치가 취해졌으나 8월 24일 피폭 후 19일째에 병상이 급변해서 사망했다. 해부 결과에 의하면 골수, 간장, 췌장, 신장, 림프선이 몹시 손상되어 있었다. 이것은 X선이나 라듐선으로 강하게 작용시켰을 때의 토끼의 증상과 거의 같았다. 그래서 쓰즈키는 "원자폭탄이 미치는 범위는 폭풍에 위한 파괴와 열선에 의한 화상의 두 가지라고 생각되었으나 그 밖에 또 '방사능 물질'의 작용에 의한 손상 작용이 증명되었다"라고 하는 요지를 8월 29일의 신문을 통해서 기술하였다.

원자폭탄증과 쓰즈키[4]

방사능장해가 던져주는 중대함에 빠진 쓰즈키는 육군 군의학교와 공동조사반을 조직해서 히로시마로 향했다. 8월 29일로부터 31일까지의 해부 실례와 그때까지의 보고 실례를 총괄해서 9월 8일 쓰즈키는 '소위 원자폭탄 손상의 의료방침'을 발표하였다. 그것은 지금에 와서 보아도 거의 틀리지 않는 견해이다. 패전 직후의 정신적·사회적·물질적 혼란 상태를 생각하면 원자폭탄이라고 하는 역사상 비교될 만한 것이 없는 참사에 대해서 쓰즈키가 얼마나 탁월한 견해를 파악했던가. 이 책을 쓰기 위해서 그 견해를 다시 읽고 나는 새삼스럽게 이 과학자의 위대함에 감동하였다. 틀림없이 그는 원자폭탄층에 대한 세계 제일의 권위자였던 것이다. 방사선물리에 열중해 있던 나는 1958년 미국의 버몬트에서 열린 제1회 국제 방사선 영향학회에 오크리지로부터 유학비를 절약해서 간신히 출석했다. 방사선의 인체 영향은 전혀 알지 못하는 나였으나, 쓰즈키 박사가 특별강연에 초청되어 원폭증에 대한 보고를 행했던 광경을 지금까지도 기억하고 있다. 그것은 세계 여러 곳으로부터 모인 과학자를 압도하는 강연이었다. 그러나 방사선물리학에 열중해 있던 나는 강연의 내용은 전혀 이해하지 못했다.

의학자 쓰즈키의 위대함을 많은 사람에게 전하고 싶은 생각으로 그의 '원자폭탄 손상에 관한 총괄'의 발췌를 인용한다.

'폭발 중심으로부터 반지름 500m의 권내에 있던 사람들은 모두 중상을 입었으며, 즉사 혹은 그 후 이미 사망한 것에 동정해 마지않는다. 이 사람들은 폭발의 순간에 구할 수 없는 운명적인 중상을 입었다고 생각해야 하는 것으로 …… 의료에 의한 구조는 유감스러우나 절망이라고 말하지 않을 수 없다.

다음에 반지름 500~1,000m 권내에 있던 사람들 중에서 집 밖에 있던 사람은 중증의 열상을 받았고, 동시에 방사능의 장해를 받은 결과 거의 모든 사람이 이미 사망했다. 옥내에 있던 사람들도 대부분 가옥의 붕괴에 의한 압사 내지 압박손상을 받았고, 잇따라 일어난 화재에 의하여 소사(燒死)하였다. 다행히 일부 사람들은 열상도 받지 않고 부상도 당하지 않고 난을 면할 수가 있었으나, 그들 중 많은 사람은 2주에서 3주 후에 이른바 원자폭탄(방사능) 손상으로서 탈모, 설사, 혈뇨, 출혈 등의 증상을 보여 속속 쓰러져 가는 현상은 눈물 없이는 차마 볼 수가 없었다.

폭발 중심으로부터 반지름 2㎞ 내에 있던 사람들 중에서도 벌써 발병자를 볼 수 있었고 상당수의 사망자도 나오고 있었다.

사건 발생 후 1개월이 경과한 오늘, 부상자에 관한 임상적 관찰 및 병리해부적 검사 소견으로부터 고찰하여 본 증상의 경과는 대체로 한 고비를 넘겼다고 생각된다. …… 다시 1개월이 지나서 10개월이 되면 중환자의 발생은 보이지 않게 된다고 생각한다. 즉 현재에 있어서는 경증, 중간증은 물론이고 중환자라고 할지라도 장해 받은 혈액 및 내장은 이미 회복기에 들어갔다고 이해되기 때문이다. 1회만의 방사능에 의한 장해는 이것에 견뎌 내기만 하면 빨리 회복으로 향한다고 하는 것이 이미 많은 연구자에 의해서 확인되어 있기 때문이다. 따라서 우리들은 일부 사람들 사이에서 생각되고 있는 것과 같은 절망적인 방기론(放棄論)은 거두고 매우 적극적으로 치료하여야 한다고 생각한다. 그리하여 한 사람이라도 많은 희생자를 구해야 하지 않겠는가.'

쓰즈키는 또한 원폭 부상의 정도에 따라서 치료방침을 기술하고 있다. 의사의 진단을 필요로 한다는 것을 설명하여 얼마간의 일반대증요법을 구체적으로 표시하고 있다. 그리고 '의료의 능력을 과신하지 않고 자연치유의 조장'을 명심할 것을 강조하고 있다. 의료에 의한 처치와 주의도 필요하나 '특히 안정을 취하게 하고 영양가 높은 신선한 음식을 공급하도록 노력하는 것'이 필요하다고 기술하고 있다.

유감이지만 오늘날의 진보된 의학으로도 '자연치유의 조장'이 방사선병의 치료법 중에서 가장 중요한 하나임에는 변함이 없다.

검은 비⁽⁴⁾

쓰즈키 박사는 다음과 같은 이야기도 했다.

"폭발과 동시에 시꺼먼 비가 발생했으나 이것도 미지수고 사람과 가축에 어느 정도 나쁜 작용을 미쳤다는 것은 사실이라고 생각된다. 질식사한 것도 상당하다. 이것은 어떤 종류의 독물이 원자폭탄 내에 혼입되어 있었는가 어떤가 지금으로서는 판명되어 있지 않다."

그 밖에도 검은 비에 관한 기사는 많다. 그러나 그 내용은 아주 가지

각색으로 오늘날에도 여전히 그 본체는 알 수 없다. 우다(字田 道陰) 박사 (당시 히로시마 관할 구역의 기상대 근무)의 기록에서 발췌해 본다.

'검은 비의 억수 같은 쏟아짐은 소낙비와 같으며(히로시마의 경우) 그 범위는 지름 29㎞, 짧은 지름 15㎞의 길쭉한 계란 모양을 나타냈다. 이 검은 폭우는 강한 방사능을 가지고 있었으므로 하천의 뱀장어와 피라미, 연못의 잉어, 벼의 해충 등은 전멸하고 풀을 뜯어먹은 소가 설사를 하고 사람도 탈모, 혈변 등을 나타냈다. 이 비는 3시간에 50~100 ㎜라는 엄청난 양이었다.

이로부터 2개월 후의 이야기인데, 다카스(高須, 폭발 중심으로부터 4㎞)에 이사해 서 억수같이 비가 내린 뜰에 넘어진 창문에 달라붙은 진흙을 그대로 두었기 때문에, 아동 소개(疏開)로부터 돌아온 차남이 그 옆에서 잠을 자고 난 후 탈모 증상을 보였다. 이화학 연구소 조사반의 측정에서 진흙의 방사능이 폭발 중심의 수배이며, 차남의 증상은 그 때 문이라는 것을 알고 크게 당황했다.'

생명의 근원을 덮치는 방사선

눈에 보이지 않는 방사선의 영향은 열에 의한 화상과는 달리 피폭된 직후에는 아무렇지 않아도 나중에 장해가 나타난다. 원폭 방사선의 인체 영향은 왜 언제까지나 꼬리를 질질 끌까. 원폭 방사선 그 자체는 여러 가지 방사선이 뒤섞여 있어서 그 인체 영향은 복잡하다. 검은 비나 죽음의 재에 포함되어 있는 방사능 물질이 인체에 들어가서 후유증을 주는 과정은 더욱 복잡하다. 방사선 기초 의학이라는 새로운 강좌를 담당했을 때, 나는 가장 단순한 생물의 하나인 세균을 써서 이것에 자외선이나 X선을 쪼이면 어떠한 생물적 영향이 나타나는가를 생명의 근원[5]으로까지 거슬러 올라가 연구하고자 생각했었다. 그래서 방사선 전문가와 세균 생물학을 알고 있는 사람들을 모아서 이 새로운 강좌를 시작했다. 다시 말하면, '생명은 방사선에 왜 약한가'라고 하는 물음에 대한 해답을 구하려고 기초 연구를 착수했다. 그것은 작은 생물을 사용한 작은 연구였다. 그러나 세균의 연구에 몰두하면서도 나는 히로시마의 불탄 자리에서 본 동포의 비참함을 잊을 수가 없었다.

상아탑으로부터 시민 속으로—마음의 회춘

상아탑의 오사카대학 의학부를 정년퇴직한 후, 긴키대학 원자력연구소에서 연구를 계속할 수 있는 기회가 생겼는데 젊었을 때 전공한 방사선 물리학이 도움이 되었다. '라듐 광석을 목욕탕에 넣으면 건강에 해를 주는가'라고 하는 질문을 받고 해롭다고 그 자리에서 곧 대답했다. 그러나 경솔했다. 라듐 온천은 옛날부터 일본이나 유럽에서 이용되고 있으나 해가 있다는 보고는 없다. 반대로, 다음과 같은 보고가 있다. 중국에는 자연 방사능이 보통보다 3배 강한 곳이 있어 그곳 주민의 건강조사가 1970년 이래 실행되고 있다. 조사 결과에 의하면 자연방사능이 높은 지구의 암 사망률은 보통 지구보다 낮다. 그러나 그 차는 근소(관대한 검정으로 유의미한 차가 나올 정도)하다. 상아탑에 있을 무렵은 이런 조사 결과를 경시했었다. 그러나 체르노빌 원자력발전소 사고의 방사능 오염에 겁을 먹고 살아가고 있는 구소련의 사람들을 생각하면 이것은 노벨상을 받은 연구보다도 가치가 있다. 그래서 나는 상아탑의 과학보다 시민을 위한 과학이 중요하다고 생각하게 되었다.

1장

방사선에 대한 불안

방사선이 두렵다고 하는 것은 거의 모든 사람의 솔직한 기분일 것이다.
그중에서도 일본인에게는 방사선이 과민하리만치 위험하게 생각되는 이
유가 있다. 첫째로, 히로시마와 나가사키가 원폭투하로 비참한 꼴을 당하
였다. 둘째로, 미국의 수소폭탄 실험 때 다랑어잡이에 나간 사람들이 '죽
음의 재'를 뒤집어 썼다. 이것에 덧붙여 원자력발전에 관련해서 발생한
각종의 사건이나 의료 피폭 등, 일상생활 중에서 방사선의 문제가 크게
보도된다. 여기서는 방사선의 실제의 공포와 방사선에 대한 일반인의 불
안감의 실체에 대해서 조금 생각해 보고 싶다.

1. 원폭의 공포

〈그날 이후(The Day After)〉라는 영화는 앞으로 일어날지도 모르는
원폭 전쟁의 '무시무시한 파괴력'과 '인체 영향'의 예상을 박진감 있는 기
술로 보여 주었다. 그러나 영화는 과장과 허구가 허용되므로 원폭의 무서
움 중에서 방사선의 위험을 너무 과장해도 아무도 탓할 수는 없다. 원폭
이라는 대량 살인병기의 금지는 일반 시민 누구나 바라는 바이다.[1] 이 영
화가 이와 같은 운동에 박차를 가한 것은 높이 평가받아야 한다.

그렇다면, 원폭의 무서움을 과장을 억제하고 예상해 보면 어떻게 될
것인가. 영국 의학회의 과학교육위원회가 『핵전쟁의 의학적 영향[2]』이라

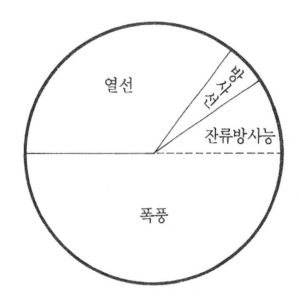

그림 1-1 | 원자폭탄 3대 파괴요인의 세기(에너지량)의 상대비. 그림은 지상 폭발시의 값을 표시한다. 공중 폭발 시는 잔류방사능 기여가 대부분 없어져서 폭풍의 에너지량이 그 몫만큼 증가한다.

는 보고를 1981년부터 2년 동안 종합했다. 이 소책자는 영국 본토가 핵공격을 받게 된다면 어떠한 규모의 사상자가 나올 것인가를 냉정하게 예측한 시도이다.

　약 150발의 원폭 공격을 영국 본토의 군사기지와 도시에 받았다고 가상하자. 먼저, 내무성의 과학고문소위원회(科學顧問小委員會)의 예측을 살펴보자. 전 국민의 약 40%가 죽든지 중상을 입는다. 그 내역은 폭풍, 열선에 의한 사망자가 78%, 원폭 방사선에 의한 사망자가 5%, 중상자가

17%로 되어 있다.

이 예상에서 방사선에 의한 피해가 적은 것은, 원폭의 3대 파괴력-폭풍·열선·방사선- 중에서 방사선은 전방출 에너지의 15% 이하(그림 1-1)이므로 일단 납득이 간다.

내무성의 예측에 대비하여 두 학자(S. 오픈쇼와 P. 스테드먼)에 의한 최악의 사태 예측이 소개되어 있는데 피해가 내무성의 예측보다 20%가 많게 되어 있다. 그 이유는 방사선에 의한 피해가 내무성의 값보다 10배 크다고 추정하고 있기 때문이다. 이것은 원폭 방사선의 피해 예측의 어려움을 말해 주고 있다. 실제의 피폭 예는 나가사키와 히로시마뿐이나, 이 경우는 공중 폭발이었기 때문에 방사성 강하물에 의한 피해는 작았다. 그러나 영국 본토 공격의 시나리오에서는 공중 폭발과 지상 폭발을 대략 반반씩 실행한다고 가상하고 있다. 지상 폭발로 대지는 무너져 솟구쳐 올라가고 그것에 수반해서 방사성 물질로 오염된 고체입자가 상공으로 올라가고, 바람에 의해서 광역으로 흩뿌려진다(비키니 환초에서 수소폭탄 실험 때의 "죽음의 재"는 그것의 예). 이 방사성 강화물로부터 방출되는 방사선에 의해서 1~2주 피폭이 계속된다. 다른 한편, 원폭이 폭발한 순간에는 더 대량의 방사선을 순간적으로 방출한다. 이 양자에 의한 급성 장해를 추정해야 한다.

이 핵공격에서는 1발의 원폭 크기가 나가사키 원폭의 약 50배로 되어 있어 피폭 후 오랜 시간이 지나서 나타나는 장해는 고려되지 않고 있다.

히로시마와 나가사키의 원폭은 공중 폭발이었기 때문에 폭풍과 열선에 의한 피해 쪽이 방사선에 의한 피해보다도 훨씬 컸다. 그러나 살아남은 사람에게는 폭풍과 열선에 의한 장해보다도 방사선에 의한 장해 쪽이 중대한 문제이다. 이 문제가 이 책의 주제이다.

2. 존 웨인의 죽음

명화 〈역마차〉에서 일약 유명하게 된 존 웨인은 할리우드 영화의 황금시대에 살면서 최고의 인기배우가 되었다. 1977년 암으로 사망할 때는 카터 대통령을 비롯하여 미국인이 일제히 조의를 표했다. 그 외에도 할리

영화 〈역마차〉(존 포드 감독, 1939년)에서 린고 키드 역을 맡은 젊은 날의 존 웨인.

우드 배우에는 암으로 사망한 사람이 꽤 많다. 히로세(廣瀨隆)는『누가 존웨인을 죽였는가[3]』라는 저서에서 '많은 스타가 암으로 죽었다. 그것은 원폭 실험에 수반된 죽음의 재가 떨어진 네바다 사막에서 로케이션을 한 탓이다'라는 작업가설을 세우고 이것을 뒷받침하는 것으로 생각되는 증거를 여러 가지 제시하고 있다. 그 논지의 요점을 인용해 보자.

1. 네바다에서는 1951~1958년 사이에 97회의 대기 중 핵 실험
   (나가사키 원폭 정도)이 행해졌다.
2. 폭발은 풍향이 유타주로 향할 때 행해졌다.
3. 존 웨인이 로케이션한 유타주 세인트 조지는 네바다에서 가장
   가까운 거리(핵실험 장소로부터 200㎞)였다.
4. 배우뿐만 아니라 이 원폭실험에 참가한 군인이나 유타주 남부
   (원폭의 죽음의 재가 대량으로 떨어질 가능성이 있는 지역)의
   어린아이에게는 발암률이 높다(나중에 다룬다).
5. 유타주의 양들이 원폭 실험이 실시된 무렵에 많이 죽었다.

존 웨인의 암 원인이 1954년에 유타주 세인트 조지 거리에 그가 로케이션 갔을 때 "죽음의 재"를 덮어썼기 때문이라는 작업가설은 흥미롭다. 그가 죽음의 재를 맞은 것을 시사하는 증거도 설득력이 있다. 그러나 존 웨인의 암은 로케이션 10년 후에 생긴 폐암이다. 폐암이라면 담배의 영향을 무시할 수가 없다. 배우로서 담배를 피우지 않는 사람은 적으므로 폐암 사망의 원인을 전부 방사능에 뒤집어 씌우는 것은 문제가 있다.

그렇다고 해서 네바다의 핵실험에 의한 "죽음의 재"(방사능을 가진 강하물질)가 배우나 유타주의 주민이나 실험에 참가한 군인의 발암 원인의 하나로 되어 있지 않다고는 말할 수 없다. 최근의 주법원의 판결에서는 소송을 낸 주민 측의 주장이 인정되고 있다. 사실, 네바다의 핵폭발 실험 정지 후 10년 동안에 발생한 소아의 백혈병이 유타주의 "죽음의 재" 피폭 지역에서 다른 지역의 두 배라고 하는 것이 최근 확인되었다.[4] 그리하여 약 20년 전에 비슷한 보고가 나왔는데, 당시의 미국 원자력위원회가 묵살했다는 것이 알려져서 큰 소동이 일어났다. 정부의 묵살이 없었다면 "죽음의 재"가 원인인가 어떤가 좀 더 냉정한 판단이 내려져 이렇게 큰 소동으로는 되지 않았을 것이라는 것이 일반적인 의견이다.[4]

3. 원자력발전의 불안

안전성을 자랑하던 원자력발전도 1979년 3월 28일, 미국의 펜 실베이니아 주 스리마일섬 원자력발전소의 원자로에 중대한 사고가 발생하여, 방사능이 주위에 새어 나와서 수십만 명의 주민이 피난하는 대소동이 벌어졌다.[5][6]

이 사고를 계기로 미국에서는 발전용 원자로의 안전성 확인이 엄격해져서 원자력발전소의 신설은 거의 중지 상태로 되었다.

1981년 3월 7일 쓰루가(敦賀) 원자력발전소에서 방사성 폐기물 처리의 작업 실수로 방사능 누출이 일어나 바닷물에 방사성동위원소가 유출해서 신문이나 TV에 크게 보도되었다. 그러나 그 유출량은 보도의 크기에 비하면 극히 미량이었다.

　원자력발전 개시 이래의 큰 사고였던 스리마일섬 사고 때도 주변 주민의 최대피폭량은 약 70밀리렘으로 주변의 200만 명의 평균 피폭량은 약 1.5밀리렘이라고 추정되고 있다. 밀리렘이라는 것은 방사선량의 단위로서 매년 약 100밀리렘의 자연방사선을 누구라도 피폭하고 있으므로 스리마일섬의 사고에 의한 주민의 피폭량은 무시할 수 있을 정도의 미량이었다. 그러나 이 사고에 의해 미국의 일반 시민은 원자력발전의 안전성을 신용하지 않게 되었다.

4. 체르노빌 원자력발전 사고

　체르노빌 사고는 역사상 최대의 원자로 사고로서 그 "죽음의 재"는 북반구 전역을 오염시켰다. 그림 1-2는 사고 2년 후의 방사능 오염 지도로서 벨라루스와 우크라이나 북부에 강한 방사능 오염이 남아 있다. 그림에 표시한 1만 베크렐(Bq)이라는 것은 방사능의 단위이다. 이것은 1초마다 1만 개의 방사성 입자가 연속적으로 발사되는 것을 의미한다. 1만Bq/㎡은 1만 연발방사능총이 1㎡당 한 자루씩 분포하고 있는 것이다. 가장 심한 오염지대에서는 1㎡에 150만 베크렐(이상)이다. 이 방사능 오염의 주범은 세슘137이다. 이 죽음의 재는 30년이 지나도 그 방사선 입자 발사 능력이 반감하는 데 지나지 않는다. 다른 한편, 이러한 농장에서 기른 작물은 이 죽음의 재를 땅속으로부터 다른 영양물질과 함께 섭취한다. 그러므로 수확한 농작물은 전부 이 죽음의 재로 오염되어 있다. 그것을 매일

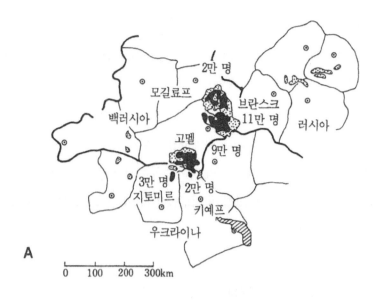

A

```
0   100   200  300km
```

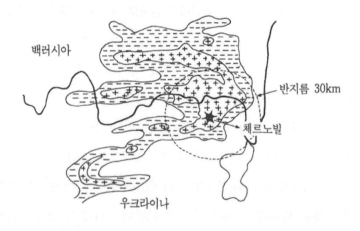

B

그림 1-2 | 체르노빌 원자력발전 사고에 의해 방출된 방사성 세슘137에 의한 오염 지도.

A: 벨라루스, 북부 우크라이나, 서부 러시아의 오염

(▨ : 17만~56만 Bq/㎡, ■ : >56만Bq/㎡).

B : 체르노빌 근방의 확대도(▤ : 56만~150만Bq/㎡, ▦ : >150만Bq/㎡)

앞으로 30년 이상 계속 먹어야 한다. 이렇게 생각하면 스트레스가 쌓여서 드디어 병이 나고 말 것이다.

사실 오염이 강한 벨라루스로부터 다음과 같은 보고가 나왔다. 방사능 오염을 강하게 받은 지역에서는 고혈압, 당뇨병, 허혈성 심장병, 신경병, 궤양, 만성기관지염이, 1988년에는, 그 전보다 2~4배로 증가했다. 또 선천성이상이 오염지역에서는 벨라루스 전체의 평균 빈도의 1.2배로 증가했다. 암이 증가한 곳도 있다. 이 건강조사는 오염지역의 주민 173,400명을 "전 소련 특별등록"에 올려서 연 1회(어린이는 2회) 의학적 검진을 받도록 하여 얻은 것이다. 따라서 전의 건강조사보다도 훨씬 정밀도가 좋게 되었기 때문에 병의 빈도가 증가할 가능성이 높다. 실제 문제로서 전신 방사능 측정과 임상검사도 시행하고 있으나 주민의 개인 피폭량의 정확한 값이 알려져 있지 않으므로 병의 증가와 피폭량의 관계가 증명된 예는 거의 없다.

방사선의 영향이 있는가 어떤가의 과학적 조사들로 구소련의 의사와 전문가는 다음 사실을 우려하고 있다. 체르노빌 사고는 주민의 마음속에 심각한 악영향(걱정, 공포, 미신, 정부의 자료에 대한 불신, 의사에게 책임 전가, 특별혜택의 요청 등)을 주어, 그것이 육체의 병을 증가시킬 가능성이 높다. 이들의 문제에 관해서는 6장에서 자세히 다룬다.

5. 의료 피폭

자동차 사고로 뇌에 큰 상처를 입어도 구급차로 운반되어 적절한 수

진단부위	촬영 1건당 피폭량 (밀리래드)		전국 주민 1인당 평균 골수선량 (밀리래드)
	피부	골수	
머리·목	400	12	1.1
가슴	200*	30*	2.8
위	950*	40*	76.7
장	370	40	13.2
요추	520	8	2.6
이빨	330	2	0.1
CT	1000	200	2.8
기타			7.3
합계			106.5

* 간접촬영

표 1-1 | 진단을 위한 의료방사선 피폭량

술로 낮게 되었다. 이것은 CT(컴퓨터 단층촬영)라고 하는 새로운 X선 촬영법에 의해서 두개골에 둘러싸인 뇌의 내부가 "보이게" 되었기 때문이다. 같은 방법으로 신체 내의 각부의 질환이나 종양의 진단 기술이 획기적으로 진보하여 10년 전에는 생각지도 못했던 수술 및 치료가 가능하게 되었다. 이 방법을 개발한 G. N. 하운스필드와 A. M. 코맥은 1979년 노벨 의학·생리학상을 받았다.

의학에 관련된 여러 분야에 노벨상이 주어졌으나, 최근의 의료진보에 이 CT만큼 기여한 것은 없다. 방사선 없이 의학의 진보는 있을 수 없다고 하는 옛 격언 대로이다. 방사선이 근대의학에 얼마나 중요한 것인지 X선

필름의 연간 사용량이 매년 증가하고 있는 것으로도 알 수 있다. 1979년의 조사에서는 1년간 약 3억 4,000만 장의 필름이 사용되고 있다.[7] 이것은 갓난아이로부터 노인까지 모든 사람이 평균해서 1년간에 3회 X선 진단을 받은 것이 된다.

X선 진단을 받으면 당연히 피폭된다. 표 1-1에 표시한 것처럼, 예를 들면, 가장 보통의 흉부 간접 X선 촬영에서는 피부에 200mrad, 골수에 30mrad 피폭되고 1회의 CT에서는 피부에 1,000mrad, 골수에 200mrad 피폭된다. 진단 1건당 피폭량에 연간 1인당 평균 검사율을 곱하면, 전국의 주민 1인당의 평균 피폭량이 계산된다. 이것을 모든 종류의 X선 진단에 대해서 합하면 연간의 평균 골수 피폭량은 약 100mrad로 된다. 표 1-1을 보면, 이 100mrad의 대부분은 위의 X선 진단 때문이라

(앙케트 조사의 결과)

순서	미국 여성 유권자 동맹	미국 전문직 비즈니스맨	대학생		
			미국	일본(남)	일본(여)
1	원자력발전	권총	원자력발전	권총	원자력발전
2	자동차	오토바이	권총	원자력발전	권총
3	권총	자동차	끽연	끽연	X선
4	끽연	끽연	자동차	자동차	식품착색료
5	오토바이	알코올음료	오토바이	경찰활동	수렵
6	알코올음료	소방	알코올	식품착색료	자동차
7	항공	원자력발전	경찰활동	X선	경찰활동

표 1-2 | 두려운 순서

는 것을 알 수 있다. 위(胃) 진단의 경우 1회의 촬영당 골수피폭량은 흉부 촬영보다 조금밖에 많지 않으므로 이 표는 위 진단 건수가 유별나게 많다는 것을 의미한다. 결국 위병이 일본 주민의 풍토병인 것을 반영하고 있다. 병을 고치는 쪽이 X선의 피폭에 의한 작은 위험보다 훨씬 중요하다.

6. 방사선은 몇 번째로 무서운가

우리 주위에는 무서운 것이 여러 가지가 있다.[8] 그중에서 방사선은 몇 번째로 무서운가. 이것은 사람에 따라 그 성장과 사회 환경에 따라 다양하다. 미국 및 일본에서의 앙케트 조사의 결과를 표 1-2에 표시한다.

여성은 미국에서도 일본에서도 원자력발전이 제일 무섭다고 생각하고 있다. 미국의 대학생(남녀 합쳐서)은 원자력발전을 제일 무서워하며

(사망수)	(사망수)	(사망수)
1. 끽연(15만)	9. X선(2.3천)	17. 피임약(150)
2. 알코올음료(10만)	10. 철도(2천)	18. 상업항공(130)
3. 자동차(5만)	11. 항공일반(1.3천)	19. 등산(30)
4. 권총(1.7만)	12. 대규모 건설(천)	20. 학교 축구(23)
5. 전력(1.4만)	13. 자전거(천)	21. 스키(18)
6. 오토바이(3천)	14. 수렵(800)	22. 원자력발전(3)
7. 수영(3천)	15. 소방(200)	23. 백신접종(3)
8. 외과수술(2.8천)	16. 경찰활동(160)	24. 식품착색료(<1)

표 1-3 | 각종 위험에 의한 미국의 연간 사망 통계

그다음이 권총이다. 일본의 남학생은 권총 다음으로 원자력발전을 무서워하고 있다. 이들에 비하면 미국의 사업가들은 원자력을 그렇게 무섭다고는 생각하지 않는다. 또 하나 재미있는 것은 X선을 두렵다고 생각하는 감정이 일본의 대학생에겐 여자도 남자도 정착되어 있는데 반해서 미국인에는 X선에 대한 불안이 보이지 않는 점이다.

두렵다고 하는 감정은 자신에게 위험을 주는 것에 대해서 본능적으로 일어난다. 그러나 두려움을 느끼는 정도는 실제로 위험을 미치게 하는 정도에[8] 반드시 비례하지 않는다. 표 1-2의 앙케이트의 답과 진짜 두려움의 순번을 표시한 표 1-3의 미국의 통계를 비교해 보아도 알 수 있다. 담배에 의한 1년간의 폐암 사망률은 15만 명으로 미국인의 사망 원인의 최고 순위를 차지하고 있다. 다음은 음주에 의한 연간 사망률 10만 명이다. 세 번째가 자동차 사고에 의한 연간 사망률 5만 명이다. 표 I-3의 각 항목의 오른쪽 숫자는 각각의 항목에 의해서 일어나는 연간 사망자 수로서 많은 순으로 배열한 것이다. X선 진단 및 원자력발전에 의한 연간 사망 수는 실제의 수는 아니고 이 책 뒤에서 설명하는 방법으로 추정한 것이다. 자동차, 권총, 끽연, 오토바이, 알코올음료에 비해서 원자력발전에 대한 불안감은 이상하게도 일본처럼 높다. 방사선에 대해서 말하면, 의료 피폭 쪽이 원자력발전에 수반하는 피폭보다 훨씬 많다. 그럼에도 불구하고, 원자력발전 쪽이 두렵게 여겨지고 있다. 그 이유는 원자력발전은 원폭과 결부해서 생각되기 때문일 것이다.

원폭의 상해 작용의 3대 요인은 폭풍과 열선과 방사선이다(그림

1-1). 공중 폭발 때는 폭풍과 열선에 의한 치사작용이 방사선에 의한 치사작용보다 훨씬 크다. 그럼에도 불구하고, 원폭에서는 방사선에 대한 공포감 쪽이 클로즈업된다. 왜 그런가. 피폭에 의해서 죽으면 원인의 차이는 어떻든 상관없다. 그러나 살아남은 사람에 대해서는 후유증이 남는가 어떤가로 큰 차이가 일어나기 때문이다. 열선에 의한 켈로이드(keloid)는 피폭 후 반년에서 1년 정도에 최고로 나타났다. 정형수술 등에 의해서도 때때로 재발하였는데 수년 후에는 정형 치료에 의한 어느 정도의 효과가 나타났다고 한다.

방사선장해의 경우에는 급성 사망을 면한다 해도 뒤에 여러 가지의 후유증이 남는다. 그중에서도 발암의 위험률이 피폭되지 않은 사람보다도 높은 것을 가장 두려워하고 있다. 암은 가장 무서운 병 중 하나이다.

2장

방사선의 인체 영향

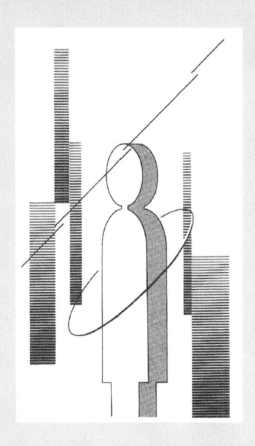

*

상당한 방사선을 피폭해도 치사량에 달하지 않을 때는 일과성 급성 증상이 나타났다가 얼마 후에는 회복된다. 이때의 급성 방사선 증상은 독극물이나 교통사고 등에 의한 급성 증상과 비교하면 다른 특색을 나타낸다.

방사선 급성증에서 회복해도 훨씬 뒤에 암에 걸릴 우려가 있다. 피폭된 사람이 모두 암에 걸리는 것은 아니나, 통계를 잡아 보면 대량 피폭한 사람의 발암률은 피폭하지 않은 사람보다 확실히 높다. 이 발암 위험률에는 "안전량"(그 선량 이하이면 위험률이 0)이 없다고 생각되고 있다(저선량 독성설). 이런 생각으로 방사선 관리의 법률이 만들어졌다. 1958년 최초의 UN 과학위원회에서 유전학자가 주장하여, 의학자의 반대를 무릅쓰고 밀고 나가 국제적 합의로서 채용되었다.

그 후 UN 과학위원회나 국제 방호위원회는 이 생각을 기본 철학으로 해서 역학적(疫學的) 증거에 수정을 가하면서 방사선에 의한 '발암'과 '유전적 영향'에 관한 위험도를 수치로서 발표했다. 여기서는 이 위험값과 원폭을 받은 사람 등의 건강조사의 실제 자료와 비교해서 '저선량 독성설'에 과학적 메스(mes)를 가한다.

1. 원폭 방사선에 의한 급성증[1][2]

1945년 8월 9일, 중학생 A군은 나가사키의 근로 동원지(폭발 중심으

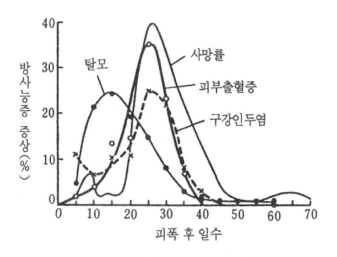

그림 2-1 | 원폭증의 발병과 피폭 후의 경과일수의 관련(피폭 직후의 사망은 제외)

로부터 1㎞)에서 원폭에 맞았다. 화상을 입었으나 힘을 내 O시의 친척집에 도착한 것이 12일이었다. 곧 병원에서 치료를 받았으나 구토가 몹시 나고, 갈증을 호소하면서도 식욕은 없고, 점차 쇠약하여 18일 사망하고 그 다음날 매장되었다. 그로부터 38년 후 어떤 계기로 그의 이빨을 얻게 된 B씨는 신중히 사진을 찍고 피폭량을 측정해 800rad라는 값을 얻었다.[3]

그림 2-1은 히로시마에서 원폭을 맞은 사람에게 사망이나 방사선장해가 피폭 후 언제 일어났는가를 표시한다. 우선 탈모가 피폭 후 2주가 되자 피크에 달했다. 사망률은 피폭 후 1개월이 지날 무렵에 최고로 되었다. 사망률과 거의 같은 시간적 변화를 나타낸 것이 피부의 출혈과 구강인두의 염증이다.

말초혈의 소견에서는 백혈구의 감소가 두드러지게 눈에 띄었다. 가장 중증인 사람의 백혈구는 급격히 저하하고 사망 직전에는 정상시의 5% 이하로 되었다. 경증인 사람의 백혈구는 피폭 후 30일경에 최저로 되고, 그 이후는 회복으로 향했다. 원폭병의 전체 모습에 대해서는 쓰즈키의 명필로 된 원폭병 총괄 발췌를 서장에 소개했다.

1954년 3월 1일, 비키니 환초에서의 수소폭탄 실험은 지상 폭발형(1장 1절 참조)이었기 때문에 대량의 방사성 물질을 상공으로 올려, 그 강하물이 마침 그 부근에서 출어하고 있던 제5후쿠류마루의 선원에게 덮였다. 탈모, 출혈, 백혈구 저하의 증상이 보였으나, 다행히도 방사선 급성증에 의한 사망은 없었다.

2. 방사선 사고 두 건과 급성증

방사선에 의한 인체 사고의 정확한 기록으로 공표되어 있는 것은 적다. 여기서 기술하는 두 건은 귀중한 자료이다.

1958년 말, 테네시주 오크리지의 미국 국립연구소의 우라늄 정제공장에서 핵분열의 작은 폭발 사고가 발생해서 5명의 남자가 피폭되었다.[4] 5명은 곧 가까운 전문병원으로 운반되어 당시에 있어서 가장 좋은 처치를 받았다. 하지만 특별한 치료는 거의 받지 않고, 안정·적량의 식사위생과 청결에 각별한 주위가 제공되었을 뿐이었다. 피폭자의 혈액소견과 증상을 그림 2-2에 표시했다. 피폭 방사선의 양은 약 300rad(1rad는 방사선의 피폭량의 단위)로, 5명이 모두 입원 후 약 40일 만에 퇴원했다.

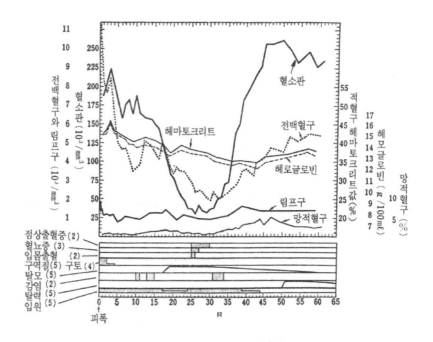

그림 2-1 | 전신 피폭에 의한 방사선 급성 증상과 말초 혈중의 각종 혈구 수의 날짜 변화. 오크리지(테네시주)의 우라늄 정제공장의 사고로 피폭(240~360rad)한 5명의 남성(32~51세)에 대한 관찰값.

피폭 직후 2일간 구토가 보였다. 이것은 '방사선 뱃멀미'(뱃멀미에 아주 유사한 증상)라고 불리는 증상으로 전기의 가장 특징적인 증상이다.

구역질과 구토는 2, 3일 지나면 거의 가라앉아, 그로부터 약 10일간은 아무런 증상도 나타나지 않았다. 이것은 '잠복기'라고 불리는 기간이다.

피폭 후 2주차부터 약 10주째까지를 골수감소기라고 한다. 백혈구나

환자	E	F	A 여 44세	B 남 20세	C 여 13세	D 남 39세
선량(래드) 평균	8,000	4,000	800	600	400	200
생식선			1,800	730	180	210
백혈구 최저 수/mm³	100	55	55	297	213	6,000
피폭후의시기	10일	10일	25일	17일	28일	
출혈	10일	8일	8일	15일	8일	없음
고열	8일	8일	8일	20일	26일	없음
감염	+	+	+	+	+	−
급성증상	소장장해 (?)	동좌	골수장해 (重)	동좌 (重)	동좌 (中)	동좌 (輕)
탈모	+	+	+	+	+	−
골수이식	+	+	+	+	−	−
치료 결과	죽음 (12일째)	죽음 (11일째)	무월경	영구불임 (성생활정상)	1남 1녀 (정상)	일시 불임

1) 급성 증상: 권태감, 피로감, 식욕부진, 구역질, 구토. 이들은 모든 환자에 보여짐.
2) 치료: 절대 안정, 적량의 영양, 감염 방호·감염 환자에 항생물질. C와 D에는 신선 백혈구
   와 혈소판의 수혈.
3) 경과: 1개월에 위험기를 끝내고, 2개월에 실제상의 치유를 보았음.
4) 만발증상: 말초 림프구에 염색체이상(전 4명), IgG의 저하(1명).
(14년간의 조사) 부신피질자극 호르몬에 대한 반응이상(3명).

표 2-1 | 방사선 급성 장해(^{60}Co 감마선의 불균일 피폭 사고 : 1963년 중국에서)

혈소판 등의 혈구가 감소하는 시기로, 혈구는 뼛속의 수질에서 생산되는데 '골수감소'라고 하는 방식으로 총괄해서 부른다. 그림 2-2에서 알 수 있는 것과 같이 말초혈 중의 백혈구와 혈소판은 약 30일 후에 최젓값이 되었다. 출혈이 일어난 것은 25~30일 사이로 혈소판 최저로 된 시기와 일치하고 있다. 혈소판은 전구(栓球)라고도 불리고, 출혈이 일어났을 때 출혈을 멎게 하는 역할을 한다. 사실, 혈소판 저하시기에 출혈이 다발적으로 일어나는데, 인과 관계가 있다는 것을 알 수 있다.

감염증은 10~15일 사이와 30~34일 사이에 일어나고, 각각의 시기 직전에 백혈구 수가 최저로 되어 있다. 백혈구는 이물질이나 세균이 침입했을 때 방위하는 기능을 가지는데, 백혈구 수의 저하 와 그것에 잇따른 감염증의 발생과는 인과 관계가 있다.

1979년, 국제방사선 영향학회가 도쿄에서 열렸는데, 중국의 학자가 처음으로 참가하여 1963년에 일어난 방사선 사고에 대해서 자세히 발표하였다. 그 개요를 표 2-1에 요약해 표시했다. 이것은 감마선을 발생하는 코발트60이라는 금속을 아이들이 들고 나가 일어난 사고로, 전신 피폭이 었는데 신체 부위에 따라서 피폭량이 매우 불균일하였다. 피폭자 6명 중 2명은 대량피폭 때문에 11일째와 12일째에 사망했다. 나머지 4명 중 3명은 매우 중증으로 백혈구 수도 최저일 때는 정상값(말초혈액 중의 $1mm^3$당 수천)의 1~4%까지 저하했다. 3명 중 2명(A와 B)은 중증의 골수 장해가 일어났으므로 골수이식을 받았다. 이 치료법 및 적절한 다른 치료법(표 2-1의 각주 2)의 덕택이라고 생각되나 2명 모두 치사량(500rad 이

rad=cGy 피폭량을 물리적으로 측정할 때의 단위

rem=cSv 피폭량을 인체 영향의 위험도를 가미해서 계산할 때의 단위

R=X선 또는 감마선을 공기에 쪼였을 때의 전기 발생량으로 측정할 때의 단위

예: 알파선   1rad=20rem; 고속중성자 1rad=10rem;

    X선   1rad=lrem; 1R=0.91~0.96rad;

               1mrad= $\dfrac{1}{1000}$ rad ; 1mrem= $\dfrac{1}{1000}$ rem

   새 단위: 1Gy=100cGy=100rad;

               1Sv=100cSv=100rem

표 2-2 | 선량의 단위(3장 1절 참고)

상)을 받았는데도 살아났다.

rad(라드)라는 것은 방사선의 단위이다. 500rad는 500 단위의 피폭이다. 표 2-2에 잘 사용되는 단위를 요약했다(자세한 것은 3장 1절을 참조할 것). 최근에는 100배 큰 새 단위, 그레이(Gy)와 시버트(Sv)가 사용되게 되었다(표 2-2). 이 책은 예전 단위인데 rad값을 100으로 나누면 Gy값이 된다. cGy(센티그레이)를 사용하면 rad와 동일한 수치로 된다.

3. 골수이식에 의한 방사선병 치유

X선을 쬐인 쥐는 500rad 이하에서는 한 마리도 죽지 않으나, 800rad에서

는 50%가 죽는다. 이것을 50% 치사선량이 800rad라고 말한다. 이 800rad 피폭한 쥐에 같은 계통의 쥐 골수를 이식하면 전부 살아나서 한 마리도 죽지 않게 된다. 900rad 피폭하면 100% 죽는다. 이것에 골수 이식하면 90% 이상이 소생한다(그림 2-3).

골수를 이식하면 어째서 방사병이 낫는가. 골수 속에 방사선 손상을 고치는 물질이 있는 것은 아닌가 생각되어 열심히 연구되었다. '방사선에 대한 약'이 발견되면 놀라운 일이다. 그러나 이 꿈의 물질은 끝내 발견되지 않았다. 이식되는 골수 속에는 혈구를 만드는 원천의 세포가 포함되어 있어, 그 '큰 원천 세포'가 피폭 쥐의 뼈 가운데 또는 그 밖의 요소에 자리를

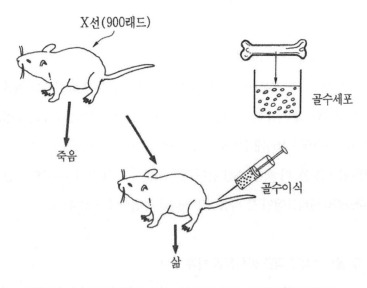

그림 2-3 | X선 치사선량(약 900rad)을 피폭한 쥐는 골수이식으로 소생한다.

잡고 있어, 거기서 혈구 세포를 계속 생산하게 된다. 즉 피폭 개체는 혈구 생산 기능이 나빠져서 죽고 만다. 그러나 건강한 개체로부터 조혈조직(혈구를 제조하는 조직)을 이식하면, 그것이 피폭 쥐의 파괴된 조혈 기능을 대행하기 때문에 쥐가 소생한다. 그림 3-10에 표시한 것같이, 골수 속에는 모든 혈구를 만드는 원천 세포가 존재한다.

즉, 골수이식에 의한 방사선병의 치유는 장기이식의 효시였다. 쥐의 실험에 의해서 유전적으로 상사성(相似性)이 높은 쥐의 골수이식에서는 치유가 잘 되나, 상사성이 나쁘면 거절반응이 일어나서 이식이 잘되지 않는 것을 알았다. 이것은 1950년대 후반에 확립되었다. 바로 그 무렵, 오크리지의 방사선 사고(그림 2-2)가 일어났다. 피폭자의 백혈구가 최저로 되었을 때, 골수이식을 할 것인가 아닌가 팽팽한 토론 끝에, 거절반응이 일어날 염려가 강해서 골수이식은 보류되었다. 그러나 중국의 방사선 사고의 경우는 표 2-1에 표시한 대로 피폭자 6명 중 경증자를 제외하고 4명에 골수이식이 시행되어 2명이 살아났다. 대량으로 피폭(4,000~8,000rad)된 2명은 골수이식을 했어도 살아나지 못했다. 체르노빌 사고에서는 대량 피폭한 원자력발전소 직원 및 소방수 19명에 골수이식이 시행되었으나 구명 효과의 확증례는 얻지 못했다. 다른 한편, 골수이식은 백혈병의 유력한 치료법으로 되었다.[5]

4. 방사선 피폭 후유증

중간 정도의 피폭량이라면 일시 급성 증상이 일어나도 곧 방사선병에서 회복된다. 성세포의 경우는 회복에 시간이 걸린다. 정자의 수는 피폭 후 반년 정도에서 최젓값이 되고, 그로부터 1~2년 걸려서 회복된다(그림 2-4).

이것은 말초혈의 최젓값이 피폭 1개월 후에 일어나서 그로부터 1개월로 정상값으로 돌아오는 데(그림 2-2) 비하면 10배나 완만한 변화이다.[6][7] 정자의 경우도 백혈구와 마찬가지로 정자를 만드는 원천 세포가 있어 피폭에 의해서 이 원천 세포의 분열이 저해되어 정자 생산이 일시 정지하기 때문에 정자의 감소가 일어난다.

중국의 사고에서는 생식선에 730rad 피폭한 남자는 영구히 불임이 되었다. 이것은 원천 성세포가 완전히 죽어 버렸기 때문이다. 그러나 성생활에는 지장이 없다. 즉, 외부 생식기는 보통의 신체 기관과 마찬가지로 대량피폭에 대해서 상당한 저항력을 가지고 있다. 그러나 그 안에 있는 성세포는 방사선에 아주 약하다. 그러면 여성의 성세포는 어떠한가. 대량 피폭하면 난세포가 죽어 버려 월경이 없어진다(표 2-1).

나이를 먹으면 백내장(눈의 렌즈가 흐려지는 병)에 걸리기 쉽다. 방사선을 피폭하면, 10년 이상 지난 후 백내장이 보통 사람보다도 더 많이 발생한다.[8] 특히, 수백 rad 이상 쬐면 높은 비율로 백내장이 발생하지만 150rad 이하이면 백내장은 생기지 않는다. 결국, 급성 치사와 마찬가지로 백내장에서도 그것이 생기지 않는 안전선량이 있는 것과 동시에 고선량에서는 100% 발생을 보게 된다.

방사선의 영향 중에서 가장 민감하게 검출할 수 있는 것은 염색체이상이다. 거의 대부분의 염색체이상은 피폭 후 급속히 감소하나, 교환형

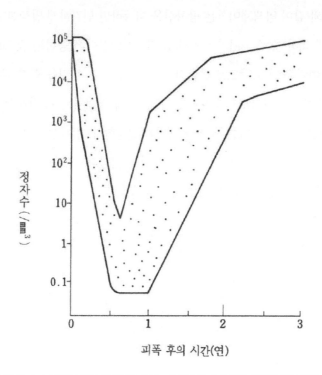

그림 2-4 | 준치사 방사선량(200~500rad) 피폭한 후의 정자 형성의 경년 변화

이상(그림 2-5의 예와 같이 염색체 일부가 다른 염색체의 일부와 서로 교체하면 상호전좌(相互轉座)라고 부르고, 일방적으로 이전하면 단순전좌라고 한다)은 반영구적으로 남는다. 원폭 방사선에 피폭한 경우, 염색체의 교환 형이상을 말초 혈구 세포를 조사해 보면 피폭 후 25년이 지나도 200rad에서 수 %의 빈도로 발견된다(그림 2-6). 중국의 사고례(표 2-1)에서도 모든 환자에게 이런 종류의 염색체이상이 오래오래 남았다.

이와 같이 염색체이상은 방사선을 피폭하면 민감하게 발생한다. 최근 기술에 의하면, 수 rad의 피폭에도 염색체이상이 상승하는 것으로 검출된다. 이와 같이 고감도로 검출되는 염색체이상은 무엇을 의미하는가. 왜 염색체이상은 고감도로 일어나는가. 도대체 염색체는 왜 방사선에 약한가. 이에 관해서는 다른 장에서 자세히 설명한다. 방사선을 쬐면 빨리 노화하여 수명이 짧아진다고 믿었던 시기가 있었다.[8] 그 증거로 미국의 방사선 의사가 다른 과의 의사보다 수명이 짧다는 조사 결과와 쥐에 의한

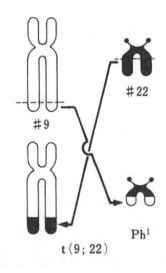

그림 2-5 | 염색체의 상호전좌(轉座). 그림의 예는 사람의 만성 골수성 백혈병의 원인이 되고 있는 전좌. t(9;22)는 제9염색체와 제22염색체가 염색체의 일부를 서로 교환한 것을 의미한다. ph¹은 필라델피아 염색체(최초의 발견지명)이라고 불리고, 제22염색체가 아래쪽의 대부분을 잃은 대신에, 제9염색체 아래쪽 말단의 단편을 받아 이루어진 염색체.

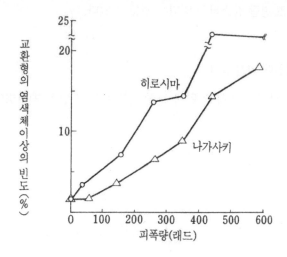

그림 2-6 | 교환형의 염색체이상(대부분은 상호전좌)의 빈도와 피폭한 원폭 방사선의 양과의 관련. 1970~1971년에 채혈한 말초 혈중의 림프구에 대한 조사 결과. 피폭량은 전의 추정값에 의한다.

실험 결과가 있었다. 전자는 그 후의 조사(영국 및 기타의 것을 포함해서)에 의해서 지지받지 못하게 되었다. 쥐의 실험 결과는 발암에 의한 사망을 제외하면, 수명이 짧다는 증거가 되지 못하게 되었다.

입술, 혀, 점막 등의 모세혈관의 이상이나 세정관(細精管)의 경화나 심전도의 이상 등 몇 가지 항목에 대해서 방사선 피폭의 후유증이 있음을 시사하는 증거가 보고되고 있다.[18] 그러나 전체적으로 보았을 때, 방사선에 의해서 노화의 촉진이 일어났다는 확실한 증거는 아직 얻어지지 않고 있다. 최근, 골수 속의 과립구계 간세포(顆粒球系幹細胞, 그림 3-10)가 피폭 후 10~20년쯤 감소하고 있다는 보고가 있다.

5. 방사선에 의한 발암

원폭 방사선을 피폭한 뒤에 가장 빨리 나타난 암은 백혈병이었다.[9][10]

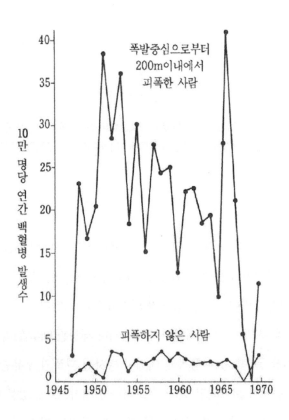

그림 2-7 | 히로시마의 원폭 피폭자에 있어서 백혈병의 연간 발병률과 피폭 후의 역년(歷年) 과의 관계(UN 과학위원회 보고, 1972)

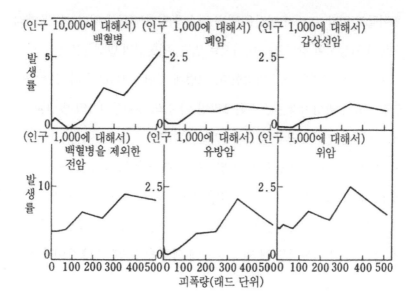

그림 2-8 | 암의 연간 발생률과 원폭 방사선의 피폭량의 관계(나가사키, 1958~1978년). 종축은 사망률은 아니다.

이것은 백혈구의 악성화를 초래하는 병이다. 그림 2-7에 표시한 것 같이 피폭 후 3년째부터 발생하여 25년 후까지 계속되었다. 이에 비해서 다른 장기의 암은 더 천천히 시간이 걸려 나타나고, 아직도 발생이 끝나지 않고 있다.

그림 2-8은 나가사키의 원폭 방사선 피폭자에 나타난 5종의 암의 발생률과 피폭량의 관계를 보인 것이다. 예를 들면, 백혈병은 피폭량에 거의 직선적으로 비례해서 그 발생률이 증가하고 있다. 단, 80rad 근방에서

줄어들고 있다. 그러나 이것은 발병 건수가 적기 때문에 일어나는 통계적 요동일 가능성이 강하므로 여기서는 일단, 백혈병의 발생률은 선량에 거의 비례해서 증가한다고 가정한다. 그렇게 하면 500rad일 때, 1만 명당 연간 5명의 발병이라는 사실은 1라면 이 값의 500분의 1의 발병률, 즉 100만 명당 연간 1명의 발병률이라는 것이 된다. 그림 2-8은 1958년에서 1978년까지 20년 동안 연간 발병률의 평균값이므로 20년 동안 집적 발병률은 1rad 피폭 시 100만 명당 20명이라는 추정이 된다. 백혈병은 그림 2-7에 표시한 것 같이, 1969년에 그 발병이 대부분 끝났으므로 앞의 값은 1rad 피폭했을 때 일생 동안에 백혈병이 되는 위험률이라고 간주해도 된다.

앞의 예와 마찬가지로 해서, 1rad 피폭 시 암에 걸려 사망하는 위험률을 모든 장기에 관해서 대선량일 때의 발암률에 기초해서 직선 가정을

암의 종류	1래드 피폭에 의한 암사망률
백혈병	2×10^{-5}
유방암	5×10^{-5}(여자만)
폐암	2×10^{-5}
골암	0.5×10^{-5}
갑상선암	0.5×10^{-5}
기타	5×10^{-5}
모든 암	1×10^{-4}(남)
	1.5×10^{-4}(여)

표 2-3 | 전신에 방사선을 쪼였기 때문에 암이 되어 사망할 위험 확률의 추정(국제방사선 방호위원회 권고 26, 1977)

해서 추정하면, 표 2-3과 같이 된다. 표 2-3에 표시한 것처럼, 1rad 피폭했기 때문에 어떤 장기의 암으로 사망할 확률의 합계는 1만분의 1이라는 추정이 된다.[11] 이것이 지금 국제적 합의를 얻고 있는 위험률의 값이다. 이 추정의 근거로 되어 있는 것은 여기서 기술한 원폭 방사선 피폭에

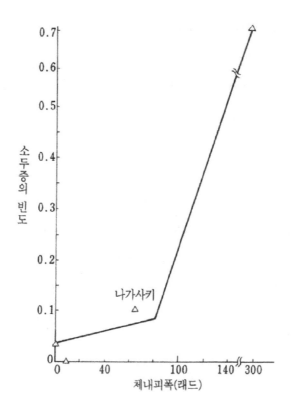

그림 2-9 | 소두증과 원폭 방사선 피폭량과의 관계. 피폭 시 임신 17주 이내에 한해서 집계. 18주 이후에 있어서 피폭의 영향은 아주 적음.

의한 발암 외에 의료 피폭에 따르는 발암 및 라듐 등의 섭취에 의한 발암이다.[9][10] 이들 위험의 추정값은 발암률과 선량의 관계가 직선이라고 가정해서 구한 것이다. 그러나 저선량, 예를 들면 1rad 피폭했을 때 표 2-3에 표시한 것만의 확률로 실제 발암의 증거는 없다. 이 문제는 6장에서 자세히 기술한다.

6. 태아기는 방사선에 약하다

태아는 방사선에 약하다.[4][8][서장 5] 그림 2-9는 나가사키의 원폭 태내 피폭의 결과이다. 150rad 이상의 피폭에서는 70%의 높은 빈도로 소두증(小頭症)이라는 기형이 발생했다. 그러나 60rad의 피폭에서 소두증은 격감했다.

쥐의 태내 피폭에 의한 기형의 발생 실혈에 의하면 저선량에서는 발생하지 않으나 100rad를 넘으면 기형의 발생이 나타나기 시작하여 선량이 증가하면 격증하여 130rad에서 60%, 170rad에서 100% 기형이 발생한다.[12] 이 결과는 그림 2-9의 소두증의 발병과 아주 비슷하다. 단, 쥐의 실험은 태아가 기형을 일으키기 쉬운 시기—임신 10일째 전후—에 X선 조사했을 때의 것이다. 임신 12일 이후의 쥐의 태내 피폭에서 기형은 발생하지 않는다.[12]

사람의 경우도 임신 후기(18주 이후)의 태내 피폭에서 소두증의 발생은 극히 적었다.

그림 2-9는 임신 17주 이전의 태내 피폭을 요약한 것이다.

7. 방사선의 유전적 영향

식품 보존을 위해서 1974년까지 사용되던 합성 살균료 AF2가 대장균에 돌연변이를 일으키는 것을 1972년에 최초로 발견했다. 그로부터 2년 후에, 발암성이 실험으로 증명되어 발매 금지되기까지 AF2의 독성은 일본 내에서 큰 관심을 불러일으켰다. 그 무렵, 유전독성을 염려해서 환경 문제에 열중하고 있는 여성 집회에서 다음 질문을 해 보았다. '유전독성이라는 말을 들으면 당신들은 어떠한 장해를 상상합니까.' 거의 모든 사람으로부터 '유전독성이라고 하면 기형이 일어날 것이 걱정된다'라는 대답이 나왔다.

기형은 유전병과 같이 태아가 출생하기 전의 원인에 의해서 신체에 이상이 생기는 것이다. 그 이상은 그 아이가 어른이 되어서 죽을 때까지 항상 따라다닌다. 외견상의 이상만으로는 유전병과 기형의 구별은 되지 않는다. 사실 기형을 선천성이상(출생 전부터의 이상)이라고 할 때는 유전성 이상까지 포함한 여운을 갖는다. 그런데, 선천성이상의 대부분(약 95%)은 비유전성이상이다. 사실 탈리도마이드(thalidomide)에 의한 선천성이상인 사람이 결혼을 해서 훌륭한 건강아를 얻고 있다. 결국, 기형의 대부분은 자손에게 전해지지 않는다.

유전성 기형인가 비유전성 기형인가 하는 구별은 이상의 성질을 아무리 조사해 보아도 알 수 없다. 방사선에 의해서 생기는 유전성 이상에 관해서는 쥐를 사용하여 잘 연구되어 있다.

쥐의 수컷에 X선을 쪼여서 정상의 암컷 쥐와 교배시켜 그 새끼를 조사

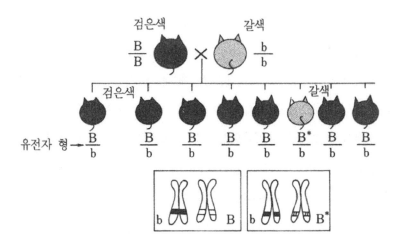

그림 2-10 | 특정의 유전자좌에 생기는 열성유전자를 1세대에서 검출하는 방법. 검정용의 갈색쥐는 열성유전자 b에 관해서 동형접합체이기 때문에 털이 갈색이다.

해 본다. 골격을 주의 깊게 살펴보면 상당한 비율로 골격 이상인 쥐가 발견된다. 그 이상쥐를 정상쥐와 교배하면, 그 새끼 2마리 중에 1마리에 가까운 비율로, 같은 골격 이상을 가진 것이 나타난다. 이렇게 생겨난 이상쥐를 교배하면 그다음 대의 새끼에 역시 2마리 중에 1마리의 비율로 같은 골격 이상의 새끼가 생긴다. 결국 이 골격 이상은 자손들에게 대대로 유전하게 된다.

이 골격 이상은 우성 유전병이다.[1][2] 왜냐하면, 정상의 유전자가 한쪽의 부모로부터 전해져도 이 골격 이상 유전자를 가진 새끼에는 골격 이상이 나타나기 때문이다. 어떤 유전 특성이 있어서 그 특성 쪽이 현저하게 나타날 때 그 특성을 우성이라고 한다. 우성이라고 하는 것은 뛰어나다는 의미는 아니고, 그 성질이 우세하게 나타난다고 하는 의미이다. 골격 이상의 유전자는 나쁜 성질을 나타내므로 분명히 열악한 유전 특성이다.

많은 검은 쥐를 사육하면 가끔 갈색쥐가 발견된다. 이 갈색쥐와 검은 야생형(유전학에서는 야생형이라고 하며 야성형이라고는 말하지 않는다) 쥐를 교배하면 그 새끼는 검은색을 띠고 있다(그림 2-10). 이 경우는 갈색을 나타내는 유전자 b와 야생색의 유전자 B를 모두 가진 새끼쥐에서는 B 쪽이 우성으로 검은 야생색이 표현된 것이다. 털색 유전자는 염색체상의 정해진 위치에 존재해 있다. 그 장소를 유전자 좌위(座位)라고 한다. b유전자도 B유전자도 같은 좌위의 두 성질의 상이한 유전자이다. 이러한 것을 서로 대립 유전자라고 한다.

그림 2-10의 염색체상에서 b유전자와 B유전자를 검은띠와 흰띠로 구별해서 표시하고, 양자가 염색체상에서 같은 위치에 존재하는 것을 표시했다. 이와 같이 서로 다른 대립유전자를 가진 개체를 이형 접합체라고 부르고, $\frac{B}{b}$ 로 표시한다.(그림 2-10). 갈색쥐는 같은 열성유전자 b를 2개 가진 것으로 동형 접합체라 부르고, $\frac{b}{b}$로 표시한다. 야생쥐는 동형접합체로 $\frac{B}{B}$로 표시한다. 중국에서는 우성을 현성(顯性), 열성을 잠성(潛性)이라 한다. 이쪽이 적절한 번역이다.[V-12]

갈색 동형접합 쥐($\frac{b}{b}$)와 야생의 동형접합 쥐 ($\frac{B}{B}$)의 교배로부터 생기는 새끼는 이형접합체($\frac{B}{b}$)이나 겉보기 털색은 야생형 어미와 똑같은 검은색을 하고 있다. 그러나 주의 깊게 조사해 보면 10만 마리에 1마리 정도의 비율로 갈색쥐가 나온다. 이것은 B에 돌연변이가 일어나서 B가 아니게 되었기 때문이며 그것을 B*로 표시하자(그림 2-10). $\frac{B^*}{b}$라고 하는 개체가 생겨, B*가 b를 억누르는 힘이 없어져서 b의 특성인 갈색이 겉으로 나타난다.

검은털 수컷에 X선을 쪼여서 갈색의 동형접합 암컷과 교배하면 그 새끼 중에 갈색쥐가 나타나는 비율은 X선의 양에 비례해서 증가한다. 600rad를 쪼이면 자연 빈도의 약 13배의 빈도로 갈색쥐가 나타났다. 결국, B로부터 B*으로 돌연변이를 일으키는 빈도가 자연 돌연변이율의 13배로 증가한 것이 된다.

그림 2-11의 직선 A는 이상과 같은 방법으로 돌연변이를 조사한 실험 결과를 요약한 것이다. 실제로 검정용으로 쓰인 열성 동형접합체의 쥐는 갈색을 포함해서 6종의 열성 털색 유전자에 관해서 모두 동형접합체이고, 또 짧은 귀를 만드는 유전자에 관해서도 동형접합체이다. 결국, 7종의 열성유전자를 동형접합의 형으로 가지고 있다.[12] 야생형 쥐의 수컷에 쪼여서 검정용의 암컷과 교배해서 그 새끼를 조사해 본다. 이때 7종의 어느 하나의 형질이 나타나면, 돌연변이가 하나 일어난 것으로 센다.[12] 짧은 귀와 갈색 모두를 가진 쥐가 나타나면 2개의 변이가 일어났다고 한다. 만약 1만 마리의 새끼를 조사해서 14마리의 변이 쥐가 발견되면 7개의 열성유전자 좌가 관여하고 있으므로 1유전좌당 평균 2개의 변이가 일어난 것이 된다. 결국, 1유전자좌당 1만분의 2의 빈도가 된다. 그림 2-11의 세로축의 값(1유전자좌당 평균 돌연변이 빈도)은 이와 같이 해서 실험 자료로부터 계

산해서 구한 것이다. 돌연변이 빈도는 X선의 양에 직선 비례해서 상승했다(직선A). 이 실험에서는 X선을 매분 80rad라든가 90rad의 비율로 쥐에 쪼였다. 따라서, 예를 들면 600rad의 조사(照射)도 약 7분으로 끝났

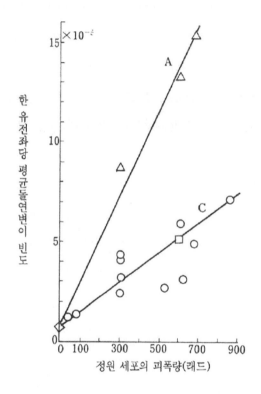

그림 2-9 ｜ 수컷 쥐의 성세포(간세포형 정원세포)에 방사선을 쪼였을 때 생기는 돌연변이의 출현 빈도와 피폭량의 직선 관계. ◇: 자연 돌연변이의 빈도(53만 마리). △: 강한 X선의 단시간 (10분 이내) 조사(51만 마리). ○: 약한 감마선 조사실 안에서 장시간(1~14개월)에 걸쳐서 연속적으로 미량 피폭했을 때(20만 마리). □: 매분 0.8R의 강한 X선에 12시간 반에 걸쳐서 폭로했을 때 (3만 마리).

다. 이것은 급성 피폭실험이다.

약한 감마선을 방출하고 있는 방안에서 수컷의 야생형 동형접합 쥐를 몇 주 사육해서 미량 방사선의 만성피폭 실험을 하였다. 그렇게 하면 그림의 직선C 주위의 ○표와 같은 결과로 되었다. 같은 선량의 위치에서 급성 피폭결과(△표)와 비교하면 돌연변이 빈도가 3분의 1로 감소했다. 그러나 같은 총 선량을 훨씬 약한 감마선의 장기 조사로 했어도 이 3분의 1 이하로는 돌연변이가 줄지 않았다(그림의 ○표 안에 포함되어 있다). 다시 말하면, 어떠한 미량의 방사선으로도 그 양에 비례해서 돌연변이가 일어나는 것을 알았다. 그 값은 직선C를 써서 구할 수가 있다.

만성 피폭 시의 돌연변이 빈도의 점(○표)을 통하는 직선C로부터 약 100rad 피폭하면 자연돌연변이 빈도의 2배의 변이 빈도로 되는 것을 알게 된다. 이런 것을 유전적 장해의 배가선량이 약 100rad라고 한다. 선량과 변이 빈도의 관계는 직선이므로 배가선량이 100rad라고 하는 것은, 1rad의 피폭은 자연변이율의 100분의 1만큼 돌연변이가 더 쌓인다고 추정해도 좋다는 것을 보증한다. 이상의 연구는 W. L. 러셀에 의해서 10년 이상의 연수와 300만 마리를 넘는 쥐를 써서 얻어진 성과의 가장 중요한 부분이다.

표 2-4에 표시한 것 같이, 자연으로 일어나는 사람의 유전병 발병률은 상당히 알려져 있다. 예를 들면, 우성유전병(우성돌연변이에 의한 유전병)은 1%(신생아 100만 명에 1만 명)의 비율로 일어나고 있다. 사람의 유전적 배가선량이 쥐와 마찬가지로 100rad라고 가정하자. 그렇게 하

면, 전 주민이 매 세대 1rad씩 수 세대에 걸쳐 연속해서 피폭했다고 하면, 주민의 유전병 발생률의 상승분은 1%의 100분의 1, 즉 100만 명당 우성유전병 환자가 100명 증가한다고 하는 계산이 된다. 표 2-4의 오른쪽 끝 열에 표시한 것이 이 숫자이다.

사람의 우성유전병에서는 우성돌연변이의 유전자를 물려받아도 다음 대에는 그것의 15% 정도밖에 발병하지 않는다. 나머지는 수 세대 걸려서 거의 매 세대 15%씩 나타난다고 추정되고 있다. 따라서 1rad 피폭했기 때문에 다음 세대에서 늘어나는 우성유전병 환자의 수는 전술의 100명의 15%, 즉 15명이라고 추정되고 있다(표 2-4의 제3열째). 이것에 비해 염색체이상에 의한 우성유전병은 그 절반이 다음 세대에 나타난다(표 2-4 제3열).

조금 전에 논의한 선천성이상은 그 50%가 유전성 요인에 기초한 이

병명	현재의 발병률 (환자수/100만 명)	1세대의 전원이 1래드 피폭하였으므로 다음 세대에서 증가하는 환자수(100만 명당)	
		1세대만 피폭	매세대 피폭일 때
우성유전병	10,000	15	100
열성유전병	2,500	미소	점증
염색체병	3,400	2	4
선천성이상	90,000	5	45
합계 (현재의 발병률 에 대한 비율)	105,900	22 (0.02% 증가)	149 (0.14% 증가)

표 2-4 | 미량의 방사선 피폭에 따른 유전적 영향의 추정

상일 것이라고 생각되며 그것은 10세대에 걸쳐서 조금씩 표면에 나타난다고 추정되고 있다. 표 2-4의 선천성이상은 이 추정을 써서 계산한 결과를 표시하고 있다.

표 2-4에 의하면, 전 주민이 평균 1rad 피폭하면 다음 세대의 유전병이 100만 명당 22명 증가, 즉 약 10만분의 2 상승한다는 추정이 되고 있다. 이 유전병 발생의 추정값 10만 분의 2는 표 2-3에 표시한 개체에 대한 발암 위험률의 추정값 1만분의 1의 5분의 1이다.

원폭 방사선을 쪼인 사람의 다음 세대에 관해서 혈액단백질(적혈구효소, 헤모글로빈, 혈장단백 등) 30종의 전기이동 특성의 이상을 조사해서 돌연변이 빈도가 직접 측정되었다. 표 2-5에 표시한 것처럼 67만 개의 유전자좌를 조사해서 3개의 변이가 발견되었다. 피폭되지 않은 사람의 다음 세대에 관해서 동일한 조사가 이루어져 47만 개의 유전자좌에 관해서 3개의 변이가 발견되었다. 즉, 양자에 차가 없으므로, 이러한 종류의 돌연변이는 방사선으로는 거의 일어나지 않는 것이 된다.

탄생기의 이상, 유아기 사망, 성염색체의 이수체(異數體)의 출현 빈도를 피폭자의 2세와 그렇지 않은 사람의 2세에 대해서 비교해 보면 의미 있는 차는 없다(표 2-5). 따라서 표 2-4의 미량 방사선에 의한 유전병 발생 추정도 아주 과대평가가 되어 있을 가능성이 강하다.[11)12)15]

결론으로서는, 방사선으로 사람에 유전적 영향이 발생한 과학적 증거는 존재하지 않는다고 하는 것이 된다. 왜냐하면 표 2-5는 대규모로 주도한 계획 하에 오랜 세월에 걸쳐서 피폭 2세의 추적 조사를 인내성 있게

조사한 유전적이상	이상빈도(이상 개체수/조사 개체수)		
	대조	피폭	부모의 피폭량
주산기이상 [b]	4.75%(2924/61545)	4.78%(408/8537)	50렘
조기사망 [c]	6.40%(2494/38953)	6.30%(737/11736)	50렘
평형형염색체 재배열 [d]	0.31%(25/7976)	0.22%(18/8322)	60렘
성염색체이상 [d]	0.29%(24/8225)	0.23%(19/7990)	60렘
돌연변이 [e]	$6.4 \times 10^{-6}(3/4.7 \times 10^5)$	$4.5 \times 10^{-6}(3/6.7 \times 10^5)$	41렘
유전성암 [f]	0.06%(24/41066)	0.05%(16/31156)	43렘

표 2-5 │ 원폭 방사선의 유전적 영향[a]

a) 원폭 방사선을 쪼이지 않은 사람과 쪼인 사람의 각각의 아이들에 관해서 6항목의 유전적 이상의 출현 빈도를 조사한 것
b) 사산, 기형, 신생아 사망
c) 생후로부터 17세까지의 사망 합계
d) 전신의 세포에 발생하는 염색체이상
e) 말초혈액세포 전체에 공통인 변이유전자
f) 20세까지의 발병한 암 중에서 유전적 요인이 크다고 생각되는 암; 전 미성년 암의 약 반수.

시행한 결과에 의한 것이다. 당분간 이 이상의 조사는 기대할 수 없다.[15] '이 조사에서는 피폭자와 그의 가족이 원폭 유전병에 관한 과장된 보도의 표면에 드러나면서도 묵묵히 협력해 주었다. 그 덕분에 표 2-5에 요약한 것 같이 과학적으로 엄밀한 성과가 얻어졌다.' 이 감사의 말은 이 유전병 조사의 입안(立案), 실행의 책임자인 J. V. 닐(Neel) 교수에 의해서, 이 조사의 최종보고(1990년의 미국 인류유전학 잡지) 속에 특별히 기술되어

있다.[15] 표 2-5는 피폭 2세가 방사선에 의한 유전병을 개인으로 염려할 필요가 없다는 것을 무언으로 표시하고 있다.

3장

인체는 방사선에 왜 약한가

*

인간에 대한 방사선의 치사량은 체온을 1,000분의 1℃ 상승시키는 미량
이다. 한 스푼의 뜨거운 커피의 열량에도 못 미치는 방사선 에너지로 우
리의 개체는 죽어 버리고 만다. 생명이 없는 물질은 이 정도의 피폭량으
로 눈에 띄는 변화는 없다. 그러나 눈에 보이지 않는 미소 변화는 일어난
다. 그것을 인공적으로 확대하면, 미량 방사선의 영향을 물리화학적으로
파악할 수가 있다. 이러한 연구에 의해서 여러 가지 방사선 검출기가 개
발되었다.

　그러면 인간에는 방사선의 피폭으로 생기는 미소한 물질적 변화를 자
연히 확대해서 치명상으로 하는 장치가 내장되어 있는 것인가. 언뜻 보
아 난폭하게 보이지만 이 생각은 거의 맞는다. 방사선에 약한 것은 인간
뿐만이 아니고, 생물 전체의 근원적 숙명이라는 것이 최근의 라이프 사이
언스의 진보에 의해서 명확해졌다. 따라서 방사선의 인간에 대한 영향을
말할 때 생명의 근원에 관한 최근의 연구를 피할 길이 없다. 생명의 근원
이라고 하면, 최근까지 '생기론'과 '기계론'이 대립되어 왔다. 전자에서는
생명의 근원은 물리·화학적 힘과 다른 활력에 의한다고 주장하고, 후자에
서는 생명의 근원도 물리·화학적 힘으로 설명된다고 주장한다. 이 두 생
각의 중간에 위치하는 '생체론'에서 생명의 근원은 생체 구성요소의 개개
중에 있는 것이 아니고, 자율성을 갖춘 유기적 통합체의 활력에 의한다고

주장한다.

이 장에서는 근대 생체론을 공개하면서 인간을 포함해서 생명이 있는 것은 왜 방사선에 약한가 그 실마리를 풀어 간다.

1. 방사선을 잡는 방법과 피폭량의 단위[1][2-4]

고감도의 미립자 사진유제(乳劑)를 유리판 위에 칠해서 유제면에 평행하게 X선 또는 감마선을 쪼여서 현상하여 현미경으로 보면 그림 3-1

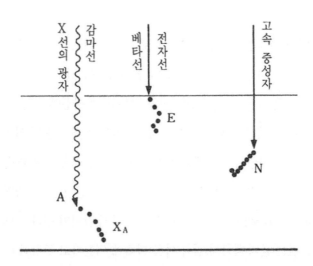

그림 3-1 | 사진으로 본 방사선의 맨 얼굴. 특별한 사진유제를 칠한 유리관에 3종의 방사선을 상방으로부터 입사시켜 현상해서 현미경으로 보았을 때의 모식도 흑점은 흑화은 입자. 이것은 방사선으로 1개의 이온화가 생긴 브롬화은의 결정을 현상 처리하면, 은에의 환원이 1개의 은 원자로부터 결정 전체의 은 원자로 파급―100억 배의 화학적 확대―하기 때문에 생긴다.

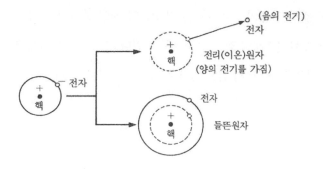

그림 3-2 | 전리(이온화)와 들뜸. 그림에서는 수소 원자의 예를 표시했으나, 복잡한 구조의 분자에서도 전자를 때어내면 양이온(전리)분자가 되고, 전자가 분자 내에서 높은 에너지가 있는 곳으로 옮기면 들뜬분자가 된다.

의 X_A와 같은 검은 입자의 비적이 보인다. X선 또는 감마선은 눈에 보이지 않는 빛으로서 입자처럼 행동하므로 광자라고 부른다.

한 개의 X선 광자가 유제 안을 지나서 A점까지 왔을 때 유제 안에 있는 분자에 붙잡힌다. 붙잡힌 광자는 그 분자 중에서 변신해서 굉장한 세력의 전자가 되어 튀어나온다. 이렇게 해서 2차적으로 만들어진 전자선이 유제의 가운데를 막 달린다. 그 폭주 경로 주위의 분자들은 여기저기서 전자가 떨어져 나가 양의 전기를 가진 분자와 음의 전기를 가진 전자로 분리된다. 이러한 이온화의 이벤트(그림 3-2 참조)가 브롬화은의 미결정(微結晶) 중에 일어나면, 현상처리에 의해서 이온화가 일어난 곳의 은 원자가 우선 환원되고, 다음에 그 주변의 은 원자가 차례차례로 환원되어 드디어 결정 전체의 은이 환원된다(100억 배의 화학적 확대). 이것을 현미경으로 보면 1개의 검은 입자로서 보인다(그림 3-1의 검은 점). 요컨대 1개의 이온화를 1개의 검은 입자로 해서 포착할 수 있다.

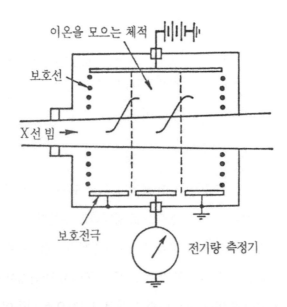

1R=공기 1㎤(0.001293g)당 1정전단위의 양
또는 음의 전리분자를 발생시키는 X선의 양

그림 3-3 | 자유이온(전리)함. 비스듬한 곡선은 2차 전자선의 통과 후(눈으로 보이지 않는다). 이 선에 따라서 양, 음의 전기를 가진 분자(이온 분자)가 많이 생기고, 각각이 아래, 위의 전극으로 끌려가서 그 양이 미터의 표시로 나타난다.

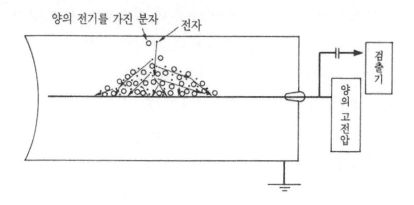

그림 3-4 | GM 계수관의 작동원리를 보이는 모식도. ○: 양의 이온 분자, •: 음의 전하를 가진 전자. 겨우 1개의 이온(전리)쌍이 생겨도 전자가 중심의 고압전극의 철사로 향해서 흡인 가속되기 때문에 차례차례로 이온이 2차적으로 생겨 그것들이 3차, 4차, 5차, …… 의 이온을 만들어 거대한 '전자 사태'로 확대되어 전기 충격으로서 검출된다.

사진건판에 전자선 또는 고속의 중성자를 입사시켜 현상하면 그림 3-1의 E 또는 N으로 표시한 것 같은 이온의 분포 모양이 얻어진다. 중성자라고 하는 것은 수소의 원자핵(양성자)과 같은 무게이나 전기를 갖지 않는 입자이다. 유제 가운데에 있는 수소의 원자핵, 즉 양성자와 고속중성자가 충돌해서 양성자를 튕겨낸다. 튕겨진 양성자는 양의 전하를 가지고 폭주한다. 그것에 의해서 생긴 이온의 밀집 정도는 전자선으로 이루어지는 이온의 밀도보다 10배 정도 크다. 이온 밀도가 크기 때문에(그림 3-1 참조), 고속중성자의 인체에 대한 장해는 X선의 장해보다도 크다.

X선을 공기에 쪼이면, 산소나 질소 등의 분자에 X선의 광자가 흡수되

어 2차 전자선이 발생하고 그 비적(그림 3-3의 곡선)에 따라서 이온화가 일어나고, 양의 분자와 음의 전자(그림 3-2)가 생긴다. 이온화가 발생하는 공기의 위와 아래를 금속판으로 씌우고 그것에 전압을 건다. 2차 전자선으로 발생된 양과 음의 입자(양과 음의 이온)는 각각 음과 양의 전극에 끌려가서 그 수를 전기의 양으로 계측한다(그림 3-3에 표시한 계기). 전기력은 강해서 확대 장치를 부착하지 않아도 X선의 양을 공기에 쪼였을

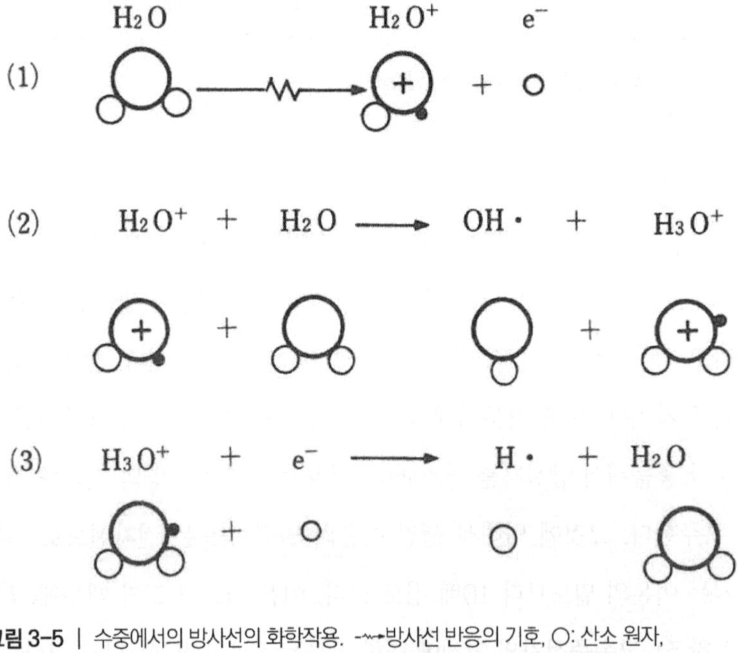

(1) $H_2O \longrightarrow H_2O^+ + e^-$

(2) $H_2O^+ + H_2O \longrightarrow OH\cdot + H_3O^+$

(3) $H_3O^+ + e^- \longrightarrow H\cdot + H_2O$

그림 3-5 | 수중에서의 방사선의 화학작용. ⟶방사선 반응의 기호, ○: 산소 원자, ○: 수소 원자, •: 전자, •: 양성자, OH•: 수산 유리기, H•: 수소유리기, OH•가 방사선 작용의 주역.

94

때 생기는 전기의 양으로 정확히 측정된다. 이와 같이 해서 정해진 X선의 양의 단위를 뢴트겐(R)이라 한다. 1뢴트겐은 공기 1㎤에 1정전(靜電) 단위의 양 또는 음의 전기를 발생시키는 양으로 정해졌다.

실용의 이온(전리) 측정기는 폴리에틸렌 등의 벽으로 둘러싸인 공동 내에 전극 막대를 넣은 것이다. 이것을 공동전리함(空洞電離函, 그림 3-4 참조)이라 한다.

공동전리함과 아주 비슷하고 극한까지 방사선 검출감도를 상승시킨 것

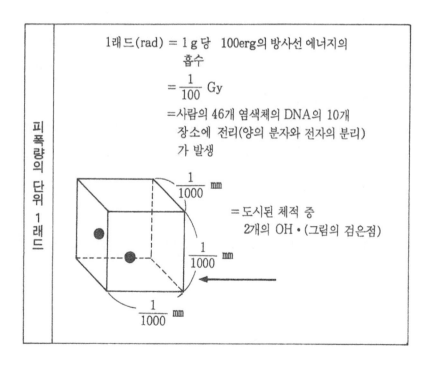

피폭량의 단위 1래드

1래드(rad) = 1 g 당 100erg의 방사선 에너지의 흡수

$= \dfrac{1}{100}$ Gy

= 사람의 46개 염색체의 DNA의 10개 장소에 전리(양의 분자와 전자의 분리)가 발생

$\dfrac{1}{1000}$ ㎜

= 도시된 체적 중 2개의 OH · (그림의 검은점)

$\dfrac{1}{1000}$ ㎜

$\dfrac{1}{1000}$ ㎜

이 있다. GM 계수관(가이거와 뮐러라고 하는 두 발명가의 머리글자에서 유래)이라고 한다. 그림 3-4에 보인 것처럼 기밀(氣密)한 공동으로부터 공기를 뽑아내어 아르곤 등의 기체를 아주 조금 봉입한다. 중앙의 전극에는 양의 고압을 걸어 놓는다. 아르곤 분자가 1개 이온화했다고 하자. 발생한 음의 전자는 중앙의 전극 침 쪽으로 달려가면서 가속되는 도중에 기세를 올려 전자선으로 성장하고, 그 비적 연변의 '아르곤 분자를 2차적으로 이온화한다. 2차적으로 생긴 음의 전자는 마찬가지로 중앙의 전극침으로 향해서 달려가고, 3차, 4차, …… 와 같이 이온화의 수가 증대한다(그림 3-4). 이것은 '전자 사태'의 발생이다. 1개의 전자가 100억 배의 '전자 사태'로 확대되어 전기적 충격으로서 쉽게 검출되게 된다. 단지 1개의 전리(이온화)를 검출할 수 있는 것이므로 방사선 검출기의 감도로서는 극한에 달한 것이 된다. 원자력발전소가 있는 마을 사무소의 뜰 등에 있는 방사선 감시기에는 대형의 GM 계수관이 잘 쓰이고 있다.

X선이 조직에 닿으면 그중에서 2차 전자선이 발생해서 그것이 세포를 통과하면 세포 내에 이온화(전리)의 작용을 일으킨다. 세포는 대부분이 물이므로 주로 물 분자가 이온화된다. 양의 전하를 가진 물 분자(H_2O+: 그림 3-5)는 보통의 물과 반응해서 수산유리기($OH\bullet$)를 만들어 낸다. 이것은 강한 화학 반응력을 가진 '독물질'로서 방사선 작용의 주역이다.

2. 방사성 칼륨

우리들은 필수 미네랄로서 매일 칼륨을 섭취하고 있다. 그 때문에 우

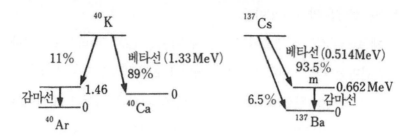

그림 3-6 | 방사성 칼륨40과 세슘137의 원자핵 변환의 모식도

리의 체내(체중 50kg이라고 가정)에는 언제나 약 0.2%, 즉 100g의 칼륨이 존재한다. 이 천연 칼륨 중의 1만 분의 1은 방사능을 가지고 있다. 따라서 우리들은 누구든지 0.01g의 방사성 칼륨을 체내에 항상 저장하고 있다. 방사능 단위로 말하면, 3,000Bq(베크렐)의 방사성 칼륨40(^{40}K)이 체내에 있다. 3,000Bq이라고 하는 것은 매초 3,000개의 비율로 방사선 입자가 발사되고 있다는 것을 의미한다.

방사성 칼륨으로부터 발사되는 것은 베타선이 대부분으로서 10발 중 1발이 감마선이다(그림 3-6). 이 베타선의 에너지는 평균 50만eV이다. 그것이 체내에서 1개 발사되면, 세포 내에 전리 이벤트를 남기면서(그림 3-7) 평균 약 250개의 세포를 관통한 후 에너지를 다 소비해서 소멸한다. 베타선의 작용은 앞에서의 X선 피폭 시의 2차 전자의 작용과 동일하다.

실제로는, 체내에서 매초 3,000개의 베타선이 발생하고 있으므로 매초 75만 개씩 세포가 피폭한다. 베타선의 통로의 각 세포(그림 3-7)가 피폭하는 선량은 약 0.1rad이다.

체르노빌 사고로 방출된 방사성 세슘137(^{137}Cs)은 베타선을 발사한 직후 감마선을 발사한다(그림 3-6). 세밀히 보면, 방사성 칼륨과 다른 점이 있다. 방사성 원소는 어느 것이나 조금씩 다르다. 그러나 그 차이는 대단한 것은 아니다. 자연방사성 원소도 인공적으로 만든 죽음의 재 같은 메커니즘으로써 생체에 작용한다. 그러므로 여러 가지 종류의 죽음의 재가 있어서 그 방사능의 세기가 달라도 그것을 피폭량 단위 rad 또는 Gy(그레이)로 환산하는 것이 중요하다. rad 단위로 표시하면 우리에게 친숙한 X선 또는 감마선을 같은 rad량만큼 피폭한 것과 같은 방사선 영향이 일어난다. 즉, 원자력발전소 사고의 영향도 X선 또는 감마선의 영향

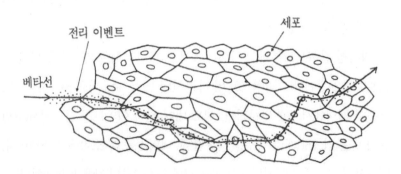

그림 3-7 | 인체 내에 끌려 들어간 방사성 원소로부터 방출된 베타선이 조직 내를 쪼이면서 진행하는 모식도. →: 베타선이 통과한 흔적, (∵∵): 전리 이벤트, 조직은 세포의 그물눈 구조로 표시했다.

에 대한 지식이 있으면 올바로 예측할 수 있다. 원자력발전소의 방사능을 특별히 두려워 할 필요는 없다.

피폭량의 단위는 rad이다. 1rad는 피폭에 의해서 신체의 1g에 100erg(에르그)의 방사선 에너지가 주입되었을 때라고 정의되고 있다. 1rad 피폭하면, 우리의 염색체 46개의 DNA 약 10개 소에 이온화가 일어난다(그림 3-5). 1R(뢴트겐)의 X선을 쬐면 약 0.95rad의 피폭이 되는 것으로 1R과 1rad는 같다고 생각해도 차질이 없다. 신 단위 1Gy는 100rad와 같다.

방사선 작용에서 독성의 주역은 이온화 분자-수중에서는 그것에 의해서 만들어지는 수산유리기 OH•-이다. 이 유리기의 수가 체내에서 1g마다 2×10^{12}개(그림 3-5의 밑그림)가 되었을 때가 1rad이다. 왜 분자가 이온(전기를 띤 입자)으로 되는가 하면, 그 분자 가까이 전자가 폭주해서 그 충격으로 전자가 떨어져 나가기 때문이다. 태풍의 에너지로 나무에서 과일이 떨어지는 것과 비슷하다. 움직이지 않는 공기는 무해한 것처럼 폭주하지 않는 전자는 아무 일도 하지 않는다. 방사선 작용의 근원은 에너지 문제이다. 그러므로 피폭 단위인 rad 또는 Gy는 체내에 흡수된 방사선 에너지 밀도를 표시하는 단위이다.

3. 알로부터 개체로[2-5]

정자가 가지고 들어온 23개의 염색체가 난자 중의 23개의 염색체와 합체했을 때, 사람 개체의 생명은 시작된다. 이 최초의 1개의 세포는 다음날 2개로 늘고 4개, 8개 …… 로 늘어간다. 6일째 수십 개로 되면 자궁벽에 착상하여 약 일주일 걸려 모체로부터 영향을 받기 위한 준비를 해 나간다(발생 제1기 : 그림 3-8). 모체의 원조 체제가 완비하는 제3주 이후, 배(胚)는 급속히 형태를 바꾸면서 커 나간다. 그것은 장래의 각종 기관의 근본이 될 구조[原基]가 만들어지기 때문이다. 이 시기는 배자기(胚子期)라고 불리고, 7주 말까지 계속된다(발생 제2기 : 그림 3-8). 최초로 이루어지는 원기(原基)는 신경이고, 계속해서 심장, 손, 발, 눈, 귀, 입, 외부 생식기의 각각의 원기가 만들어진다. 배자기에 모체가 방사선 또는 약물에 드러나면 그 영향으로 다음의 태아기라든가 탄생 후에 높은 확률로 기형이 나타난다. 배자기는 기형 발생의 위험기이다.[3] 배자기에는 각각의 기관의 기본구조가 만들어진다. 약물이라든지 방사선에 폭로되었기 때문에 기본 구조에 극히 작은 이상이 각인(刻印)된다. 태아의 성장과 더불어 이상이 확대되어 눈에 보이는 기형이 된다고 생각된다.

8주째는 태아기라고 불리고 태내 성장기의 시작으로서 작지만 사람의 형태를 갖추게 되고(발생 제3기 : 그림 3-8), 방사선 또는 약물에도 저항력을 갖는다.

1세포로부터 출발해서 세포의 분열과 세포의 형질 변화―'분화'라고 불리는 현상―를 거쳐서 다종다양한 세포군으로 발전하고, 수십억 배로 세포 수를 확대해서 아이로 탄생하게 된다. 이 변화와 확대의 짜임새 정보는 모두 최초의 1세포의 46개 염색체 중에 프로그램되어 있다.

뇌의 분화는 태아 초기까지 계속한다. 배자기 또는 태아 초기에 모체

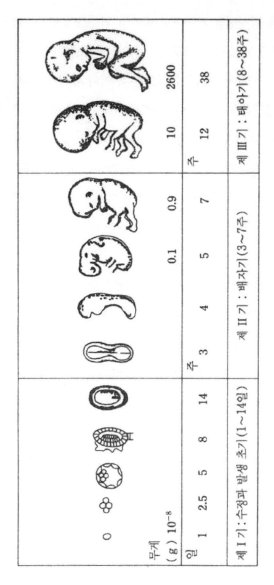

무게				주 3	4	5	7	주 12	38
(g) 10⁻⁸						0.1	0.9	10	2600
일	1	2.5	5	8	14				

제 I 기 : 수정과 발생 초기(1~14일) | 제 II 기 : 배자기(3~7주) | 제 III 기 : 태아기(8~38주)

그림 3-8 | 사람의 수정란으로부터 태아까지 발생기의 3대 구분. 배자기는 방사선 또는 약물에 폭로되면 기형으로 되는 위험기. 성인은 약 50조 개의 세포로 이루어진다.

내에서 원폭 방사선을 피폭하면 태아의 뇌세포에 염색체이상이 생긴다. 염색체이상은 뇌 발육의 프로그램에 이상을 초래하여 소두증(그림 2-9) 이라든가 지능저하증을 많이 일으킨다. 이와 같이 생각하면 알기 쉽다. 그러나 이 생각을 과학적으로 증명하는 것은 큰일이다. 발생을 분자 수준에서 연구할 수 있게 된 것은 최근의 일이다. 그래서 이 책에서는 성인이 되어서도 세포 분화와 그 수의 확대를 활발히 행하고 있는 혈구 조직을 받아들여 이에 대한 방사선의 영향을 자세히 기술한다. 다행히도 혈구 세포의 분화에 대해서는 분자 수준의 연구가 최근 현저히 발전했다.

4. 세포 젊어짐의 짜임새(5)는 방사선에 약하다[2-4, 2-7]

우리의 체내에서는 노화된 적혈구가 끊임없이 파괴되고 같은 수만큼의 적혈구가 보급되고 있다. 젊은 적혈구의 생산량은 매초 200만 개라고 하는 굉장한 수이다. 이 적혈구의 생산은 어떻게 해서 행해지고 있는 걸까.

'세포는 세포로부터' ―이것은 19세기에 발견된 생물학의 기본법칙이다. 적혈구는 적혈구로 되는 운명을 가진 세포― 그림 3-9의 전적아구(前赤芽球)의 전 단계의 세포가 에리트로포예틴이라고 하는 그림에 표시한 것 같이 차례차례로 조금씩 다른 세포로 변하여 헤모글로빈의 생산을 개시한다. 최후의 망적혈구(網赤血球)는 핵을 방출해서 헤모글로빈을 생산하는 세포로 되어 골수로부터 순환혈로 진출하고, 헤모글로빈 합성을 정지하여 적혈구로 된다. 그림 3-9의 적혈구계 간세포(赤血球系幹細胞)는 자신이 늘어나서 적혈구로 되도록 운명지어져 있는 것들 가운데서 가

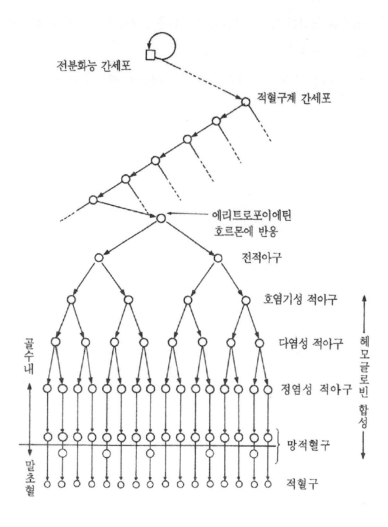

전분화능 간세포

적혈구계 간세포

에리트로포이에틴
호르몬에 반응

전적아구

호염기성 적아구

다염성 적아구

정염성 적아구

망적혈구

적혈구

골수내

말초혈

헤모글로빈 합성

그림 3-9 | 사적혈구를 생산하는 짜임새. 간세포로부터 종말의 적혈구까지 세포는 증가하면서 변화한다.

장 근간이 되는 세포이다. 이 간세포는 1개로부터 출발해서 약 4,000개의 적혈구를 생산한다. 즉, 적혈구의 생산은 4,000배의 '자연 확대'의 짜임새로 되어 있다.

혈액 중에는 적혈구 이외에 여러 가지 종류의 세포가 포함되어 있어

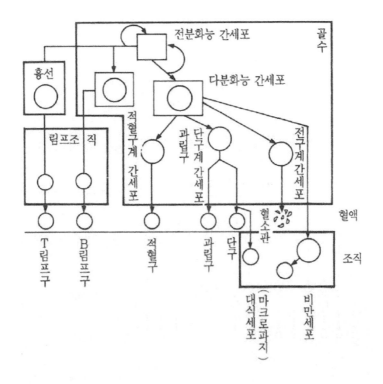

그림 3-10 | 골수 중의 '세포의 다시 젊어지는 집행자(간세포)들'. □: 큰 줄기의 간세포.
↻ 표는 분열해서 된 딸세포 1개가 원래의 간세포에 머무는 것을 뜻한다.
○: 분화의 방향이 정해진 중간단계의 간세포. o: 종말의 성숙된 기능 세포.

104

우리의 생명 활동의 큰 근원이 되어 있다. 이들 활동적인 세포는 오래되면 파괴되어 젊은 세포와 대체된다. 이 다시 젊어짐의 짜임새는 원리적으로는 간단하다. 골수 중에 단 한 종류의 근본의 세포가 소수 존재한다. 이 것을 그림 3-10에서는 □표로 표시했다. 이 근본의 세포[전분화능 간세포(全分化能幹細胞)]가 분열하면 딸세포 1개는 부모의 간세포[6]의 성질을 보유하고 있으나 또 하나의 딸세포는 옛집을 버리고 다른 곳으로 옮겨가서 여기저기의 내부환경에 따라서 여러 가지 정도로 분화된 중간의 간세포로 된다(그림 3-10). 이들 중간의 간세포는 분열과 분화를 반복한 끝에 성숙한 세포로 되어 말초혈액 중에 동원되고, 최종 단계의 '활동적인 세포'로 되어 수명이 있는 한 계속 활동한다.

여기서는 백혈구의 주요성분인 과립구(顆粒球)의 생산에 주목하자. 과립구의 간세포는 단구(單球)의 간세포와 공통이므로 과립구-단구계 간세포라고 한다. 이 간세포의 분열을 촉진하는 특수 호르몬이 있다. 그것에 의하여 분열과 분화를 반복하여 1개의 간세포가 약 1만 개의 단말세포로 늘어난다. 1만 배로 늘어나기 위해서는 13회 또는 14회의 분열이 필요하다.

"분열세포는 방사선에 약하다." 이것은 방사선생물학의 가장 중요한 경험법칙이다. 이 법칙에 따라서 과립구(백혈구의 주성분)의 생산은 도중에서 13회나 방사선에 약한 단계를 통해야 한다. 따라서 피폭하면, 백혈구의 생산이 도중의 여러 단계에서 중단된다. 중단된 결과는 피폭 후 시간이 지나서 말초혈 중의 백혈구 감소로 되어 나타난다. 사실, 피폭 후

10일 전후와 30일 전후에 백혈구 수는 감소한다(그림 2-2, 표 2-1). 피폭 직후에 백혈구 감소가 일어나지 않는 것은 말단의 성숙 백혈구는 세포분열을 하지 않아서 방사선에 강하기 때문이다. 그러나 백혈구의 수명은 며칠밖에 안 되므로 보급되지 않으면 곧 백혈구의 수는 감소하기 시작한다. 그러나 보급 정지의 영향이 말초혈 중에 나타나기까지 시간이 걸린다.

적혈구의 생산도 그 간세포로부터 12회나 세포분열을 필요로 하므로 역시 피폭에 의해서 생산이 정지된다. 그러나 말초혈 중의 적혈구는 피폭에 의해서 거의 변하지 않는다(그림 2-2). 그 이유는 적혈구의 수명이 120일이므로 보급 정지가 2, 3주일 계속되어도 눈에 띄는 변화가 나타나지 않는다. 실제로, 적혈구 생산은 피폭에 의해서 중단된다. 이 일은 피폭 직후로부터 약 30일간, 망적혈구(그림 3-9)에 표시한 것 같이, 적혈구로 되기 바로 전 단계의 세포가 감소하는(그림 2-2 맨 아래 곡선) 것으로부터 알 수 있다.

혈소판도 방사선 피폭 후 점차 감소해서 약 1개월 후에 최젓값이 된다(그림 2-2). 그 감소의 경과는 대강 백혈구의 감소와 비슷하다. 혈소판을 생산하는 거핵세포의 보급이 그 전 단계의 분열세포의 방사선 치사 때문에 점점 쇠퇴해져서 곧 혈소판의 감소가 표면화된다.

정자의 감소는 200rad의 피폭에도 나타나 약 반년 후 최저로 되고, 회복까지 1~2년이 걸린다(그림 2-4). 정자를 만드는 근본의 세포를 간세포형 정원세포(精原細胞)라고 한다. 이것은 고환 속에 빈틈없이 접어져 있는 가느다란 구불구불한 관 안에서 외측 벽에 가장 가까운 곳에 위치하고 있다. 이 세포로부터 정자가 생기기까지는 많은 분열이 필요하다. 정액 1㎤ 중에 1억 개나 정자가 있다. 매일 1억 개의 정자가 만들어진다고 하면, 간세포가 1만 개 있어 전력으로 조업해도 간세포 1개가 1만 개의 정자를 만들어야 한다. 이를 위해서는 13~14회의 분열이 필요하다. 더욱이, 정자가 될 때까지의 과정은 복잡해서 감수분열기는 방사선에 특히 약

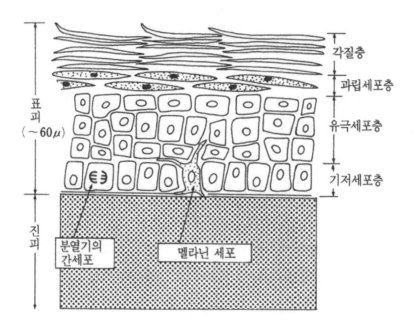

그림 3-11 │ 사람 표피의 '세포 다시 젊어짐'의 모식도. 분열하는 세포는 기저층에만 존재. 분열해서 생긴 세포의 하나는 상층으로 이행하고, 분화·성숙해서 각질세포로 되어 탈핵해서 마지막에는 최상층에 달하고 나서 벗겨진다. 이 동안의 세포 일생은 약 1개월, 즉 1개월의 사이클로 세포의 회춘이 반복된다.

하다.[7] 결함 정자가 생기지 않도록 정자 형성 과정의 여러 단계에서 결함 검사가 행해져 있어 조금이라도 상한 세포가 있으면 자폭 장치가 작용해서 그 세포(아마 연대세포 전부)를 제거하도록 되어있다. 이 때문에 남자의 성 세포군은 개체 중에서 가장 방사선에 약하다.

피부의 표피도 끊임없이 다시 젊어지고 있다. 다시 젊어짐의 장치인 '간세포'는 피부 표면의 바로 밑에 기저세포층이라고 하는 단일층을 만들고 있다(그림 3-11). 기저세포의 분열로 생긴 2개의 세포 가운데 1개가 상층으로 올라가고, 유극(有棘, 가시 모양의 구조체를 가진)세포로 되어 각질(角質) 단백의 생산을 개시한다. 이윽고 각질 단백을 가득히 채운 과립(顆粒)세포로 되어 핵을 털어 버리고 각질세포로 되고, 최상층에 도달해서 벗겨져서 떨어진다(그림 3-11). 이 동안의 세포의 일생은 약 1개월이다. 기저층의 간세포에서 생기는 표피세포의 수는 자연 확대되기는 커녕, 외계에 노출되는 각질세포의 세로 1열은 10개에 가까운 기저세포가 공동으로 지지하고 있다(그림 3-11). 따라서, 표피조직은 세포분열이라고 하는, 정밀함이 요구되기 때문에 위험률이 높은 작업을 10개의 기저세포로 분담하는 체제를 취하고 있다. 이 때문에 방사선뿐만 아니라 여러 가지 장해 요인에 부딪혀도 강하다. 사실, 치사선량 정도의 피폭으로 사람의 피부에 장해는 일어나지 않는다.

위, 장, 폐 등의 상피층의 세포 교체도 피부의 표피와 같은 짜임새-자연확대가 없는-에 의한다. 인체에서 방사선에 약한 것은 ①생식선, ②골수, ③장, ④피부의 순이다.[8] 단, 생식선은 성세포가 약할 뿐으로 외부생식기는 방사선에 강하다.

이상의 기술한 바로부터 다음과 같은 결론을 내릴 수 있다. 인간의 체온을 겨우 1,000분의 1도 상승시킬 뿐인 미량 방사선 피폭으로 죽는다는 것은 세포의 다시 젊어짐을 필요로 하는 기관에서 피폭된 세포의 미소한 상처가 세포분열 때마다 자연 확대되어 개체의 죽음으로 이끌기 때문이다. 이것은 GM 계수관에서 불과 1개의 이온쌍이 인공적으로 확대되어 전자 사태가 되어 전기적 충격으로서 검출되는 짜임새(그림 3-4)와 꼭 닮았다. 그림 3-4와 그림 3-9를 비교해 보면 양자의 유사점을 잘 알 수 있다.

분열기의 세포는 방사선뿐만 아니라 여러 가지 약물에 약하다. 피부라든가 위장의 상피는 환경오염 또는 섭취한 음식물로부터 끊임없이 공격을 받고 있다. 그래서 이들의 표피조직은 간세포의 비율을 훨씬 커지게 한다(그림 3-11 참조). 분열 중의 간세포가 약간 죽어도 나머지 간세포로 세포를 다시 젊게 하는 기능을 계속할 수 있도록 되어 있다. 이 방위기구는 인체가 자연환경에 잘 적응하고 있다는 증거이다.

5. 분열하는 세포는 방사선에 약하다[2-4, 8, 9]

인체가 방사선에 약한 이유는 세포의 다시 젊어짐을 필요로 하는 기관-조혈조직이나 생식선—에서 피폭된 세포의 미소한 상처가 세포분열에 의해서 자연 확대되기 때문이다. 이것이 앞 절의 결론이었다. 따라서 분열하고 있는 세포는 방사선에 왜 약한가라고 하는 것이 다음의 기본과제로 된다.

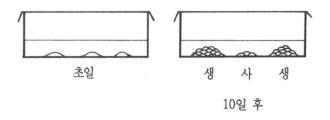

그림 3-12 | 배양 세포의 생사 판정법. 자손세포의 집락을 만드는 것을 살아 있다고 판정.

사람의 세포를 시험관 안에서 배양할 수 있게 되었다. 적당한 영양과 혈청을 포함한 수용액을 샬레에 넣고, 그 안에 세포를 넣어 37℃의 배양기 속에서 사육한다. 세포는 샬레의 밑바닥에 부착해서 분열을 계속하여 10일이 지나면 자손세포는 수백 개의 세포로 되는 군집으로 증가하므로 육안으로 보인다(그림 3-12). 이와 같이 증식해서 자손을 만드는 능력을 가지고 있는 상태를 '살아 있다'라고 정의한다. 이것은 살아 있는 증거로 분열에 의해서 자손을 불리는 '자연확대' 능력을 채용한 것이다.

세포분열의 양상을 그림 3-13에 표시했다. 이야기를 간단히 하기 위해서 2쌍의 염색체를 가진 세포를 상상해서 표시했다. 염색체가 보이기 시작하는 전기(前期)보다도 훨씬 전의 간기(間期) 동안에 염색체는 2배로 증가한다. 그 염색체는 간기 동안에는 늘어질 대로 늘어나 있으므로 현미경으로는 보이지 않는다. 세포가 2등분하기 직전에 염색체는 굵게 오므라져 '적도면'에 정렬한다[그림13 (d)]. 동원체(動原體)는 여기서 비로소 반으로 나뉘고 2개로 된 염색체는 각각의 세포로 분배된다.

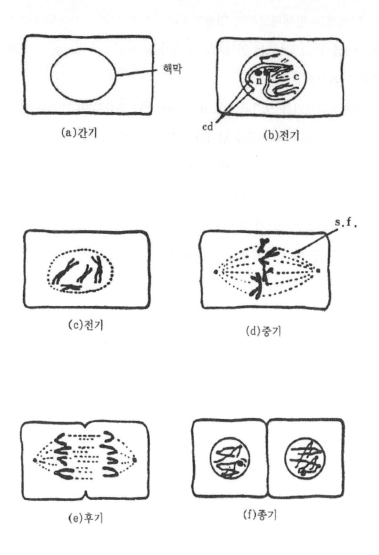

그림 3-13 | 세포의 유사분열의 모식도. 간단히 하기 위해서 2쌍의 염색체를 가진 세포를 가상했다. c: 동원체, n: 핵소체, cd: 2개의 딸염색분체, s.f.: 방추사

염색체는 염색체로부터 만들어진다. 그 염색체는 DNA와 단백질로 만들어졌다. 그 DNA는 염색체의 복제가 일어나는 간기(그림 3-13)에서 2배로 늘어난다.

DNA 합성기를 크기라 부르고, 유사분열(有絲分裂)이 보이는 시기[그림 3-13의 (b)로부터 (e)]를 M기라고 부른다(그림 3-14). 사람의 배양세포의 여러 시기에 X선을 쪼여 보면 그림 3-14에 표시한 것 같이 S기의 직전과 G₂ 말기가 방사선에 약하다. M기가 끝나면 세포는 분열을 완료하여 G₁기[갭(gap) 제1기]로 들어간다. 분열하지 않는 세포는 G₁기의 도중에 정지한다. 이 상태의 세포는 방사선에 대단히 강하다. 역으로 분열하

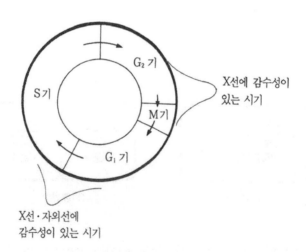

그림 3-14 │ 사람세포의 세포주기(~24시간)의 구분. X선과 자외선에 의한 치사 감수성이 높은 시기와 X선에 의한 치사 감수성이 높은 시기를 표시한다.

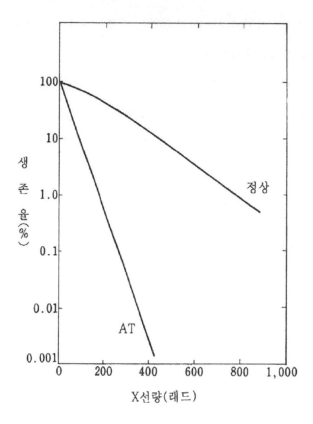

그림 3-15 │ 배양사람세포에 X선을 쪼였을 때의 생존율과 선량의 관계. AT: 운동실조성 모세
관확장증 환자의 세포. 정상: 보통 사람의 세포.

고 있는 세포는 S기의 직전이라든지 G_2 말기를 통과하게 되므로 그때 방
사선에 약하게 된다.

S기 직전의 세포가 X선에 약한 것은 DNA에 X선으로 생긴 상처가 낫
기 전에 DNA 증배를 위한 합성이 시작해 DNA의 상처가 확대되기 때문

이다. DNA의 상처를 치유하지 못하는 세포는 S기 직전 이외의 시기에 피폭해도 방사선에 약하다.

그림 3-15는 배양사람세포에 여러 가지 X선의 양을 쪼였을 때의 생존율(생사는 군락 형성 능력으로 판정, 그림 3-12 참조)과 선량의 관계를 표시한 것이다. 정상인 사람의 세포에 450rad를 쪼이면 생존율이 10%로 저하하고, 800rad에서는 1%로 저하한다. 운동실조성 모세관확장증(AT라고 약기)이라고 하는 열성유전병인 사람의 세포는 DNA 수복 부전(不全) 때문에 X선 고감수성이다.[10] 이 병에 걸린 사람의 세포는 그림 Ⅲ-15의 직선 AT로 표시한 것 같이 100rad로 생존율 10%로 저하하고, 200rad에서는 1%로 저하한다. 1%의 생존율의 선량을 비교하면 정상세포에서 800rad, AT세포에서 200rad이므로 AT세포 쪽이 4배 X선에 약하다.

이상으로부터 분열기의 세포가 X선에 약한 원인은 DNA의 상처인 것이 아주 확실해졌다.

6. 생명의 근원과 DNA[5, 서장 5, 2-4]

삶과 죽음의 근본적인 차이는 무엇인가. 뇌 혹은 심장의 활동이 정지하는 것이 죽음인가. 이런 생각에서는 뇌나 심장이 되기 전의 사람의 초기배(初期胚, 그림 3-8)의 생사는 판정될 수 없는 것으로 된다. 더욱이, 뇌 및 심장을 갖지 않은 작은 동물, 식물, 세균도 생물이다.

생명의 근원을 가장 넓은 시야로부터 잡은 것은 고대 인도인이었다.

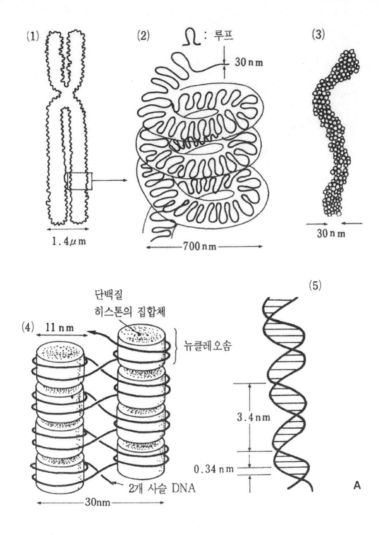

그림 3-16 | 사람 염색체로부터 DNA까지.

A. 염색체의 구조. (1)사람의 염색체. (2)크로마틴의 고차구조(모식도): 크로마틴은 루프 모양으로 되고, 그것이 다시 고차의 접는 구조를 취하여 콤팩트하게 된다. (3)크로마틴(염색질)의 30㎚ 섬유 구조 (4)크로마틴 미세구조 모형: 뉴클레오솜(히스톤 단백질에 감긴 DNA 사슬)이 단위로 되어, 그 상호작용으로 연대적 회합체의 섬유구조를 만든다. (5)DNA의 이중나선형의 구조.

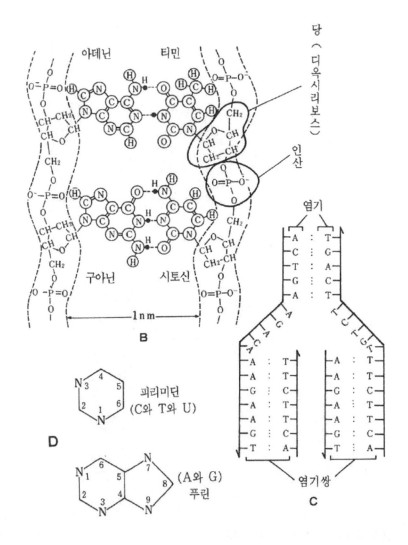

그림 3-16(계속) | DNA의 화학구조와 복제의 모식도.

B. DNA의 화학구조.

C. DNA복제의 모식도.

D. 염기 내의 탄소 또는 질소의 위치를 표시하는 번호에 따라 부르는 이름.

'알로부터 생겨난 것, 모태로부터 태어난 것, 습기로부터 생겨난 것 …… 형상이 있는 것 …… 살아 있는 모든 것 …… 을 나는 《번민 없는 영원의 평안》이라고 하는 경지로 이끌어야 한다. …… 《개체라고 하는 생각》이나 《개인이라고 하는 생각》 등을 일으키게 하는 것은 이미 구도자라고는 말하지 않는다'(『般若心経 金剛般若經』 中村元·紀野一義 역주, 岩波文庫 1960)

이러한 불교의 생각은 얼핏 보면 기독교의 일신교와 상반하는 생명관을 바탕으로 하는 것처럼 보인다. 그러나 근원적으로는 동일한 것을 설명하고 있다. 왜냐하면 불교에서도 눈앞의 '살아 있는 모든 것'은 전부를 지배하고 있는 공통 생명의 존재를 해설한다.

살아 있는 것 모두에 공통이고, 살아 있지 않은 것이라든지 죽은 것이 갖지 않을 근본적 특징이 있는 것일까. 하나 있다. 그것은 '자신과 동일한 것을 낳는 능력'이다. 요컨대, 새끼를 낳는 능력을 가진 것이 살아 있는 것이며, 새끼를 낳는 능력이 없는 것은 죽었다고 정의한다. 나이를 먹어도 자식을 생산하지 못하는 것, 젊어도 자식을 낳지 않으려고 마음먹은 것을 '살아 있지 않다'라고 하는 것은 지나친 정의라고 생각되는가. 그러나 반야경의 가르침에 따라 개인 또는 개체의 생각을 떠나서 높은 시야로부터 생각하자. 개인의 수명은 고작 100여 년으로서 그 개인이 자손을 남기지 않는다면 곧 존재하지 않은 것과 같아진다. 즉 생명력의 근원은 개체로부터 그 자손에 동일한 특성이 전해지는 것이다.

생명력의 근원은 바로 자신과 동일한 것을 만들 수 있는 능력(자기복제의 능력)이다. 이 생각은 유전학자가 20세기 초부터 주장해 온 것이었다. 그래서 분자생물학의 근원은 염색체 중의 DNA(그림 3-16A)라는 것이 명확하게 되었다. 그 근원을 종합해 보자.

DNA의 화학구조는 그림 3-16B와 같으나 자세한 것은 지금은 필요 없다. 그림 3-16C의 모식도로 충분하다. 2개의 긴 실은 당(糖)과 인산이 결합한 것이 단위로 되어 그것이 수천, 수만, 수억이 이어진 것이다. 사다리의 가로에 해당하는 부분은 '염기'라고 불리며, 다음의 4종 중의 어느 하나로 되어 있다.

　　A(아데닌)

　　T(티민)

　　G(구아닌)

　　C(시토신)

DNA 줄사다리의 가로는 A와 T 또는 G와 C의 쌍으로 되어 있다. 이 쌍을 만들고 있는 힘은 약해서(그림 Ⅲ-16C의 점 2개 또는 3개로 시사), 2개 사슬을 1개씩 분리할 수 있다. 그래서 한 쪽씩의 실을 주형(鑄型)으로 해서 A대 T와 G 대 C의 쌍[對合]의 법칙에 의해서 새로운 실이 만들어져서 2개의 실을 1조로 하여 꼭 같은 것이 2개 생긴다.

DNA의 자기복제 능력의 비밀은 'A의 상대에는 반드시 C가 온다'라고 하는 쌍의 법칙이다. 이것은 생명 근원의 규칙이고, 지구상의 모든 생물은 이 규칙을 충실히 지키면서 생활을 영위하고 있다. 생명에 있어서는 최고의 자연의 규정이다.

단백질은 실제의 생명 활동의 일꾼이다. 단백질은 아미노산이 일렬

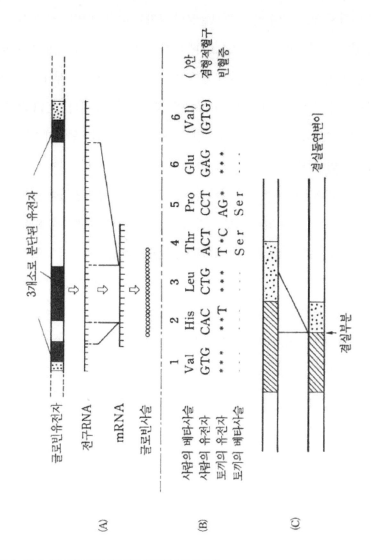

그림 3-17 | (A) 사람의 베타글로빈 유전자와 그의 발현.

(B): DNA 염기치환형 돌연변이의 실례. * 와 ---는 그 위의 사람에 대응하는 부분과 동일한 것을 의미한다. (C): 결실형 돌연변이의 설명도.

로 연결된 실로 되어 있다. 헤모글로빈 분자는 4개의 아미노산의 실로 되어 있다. 그중 2개는 같은 것으로 베타 사슬이라고 부르고, 146개의 아미노산이 일렬로 연결해서 되어 있다. 베타 사슬을 만드는 베타글로빈 유전자의 주요 부분은 438개의 DNA 염기배열이다. 그러나 이 438염기는 세 부분으로 분할되어 베타글로빈 유전자 중에 띄엄띄엄하게 배열되어 있다(그림 3-17). 이 유전자의 DNA 배열로부터 쌍의 규칙에 따라서 복사 RNA(DNA를 아주 조금 화학적으로 변화시킨 것)가 만들어진다. RNA의 실 중에서 의미 없는 부분이 잘려지고 마무리가 끝난 복사 RNA(그림 3-17A의 mRNA)는 만능 번역기[리보솜(ribosome) 입자라고 불리는 미소과립]가 있는 곳으로 운반되어 아미노산의 실이 만들어진다. 이때 염기 3개가 유전암호가 되어 1개의 아미노산으로 번역된다. A, T, G, C의 4종의 문자를 3개 써서 유전 암호를 만들면 전부 64(4×4×4)어가 된다. 이 64어가 어느 아미노산, 또는 종말 암호를 의미하는가는 '유전암호의 규칙'으로 정해져 있다. 지구상의 생물은 모두 이 규칙을 엄중히 지키고 생활을 영위한다.

DNA가 생명의 근원을 지배하고 있는 증거를 제시하겠다. 열성 유전병 '낫 모양 적혈구 빈혈증(sickle-cell anemia)'의 병인은 베타 사슬 6번째의 글루탐산이 발린으로 변화했기 때문이다(그림 3-17B). 이 아미노산의 변화 원인은 유전자의 6번째의 암호 GAG가 GTG로 1개소만 염기가 변했기 때문이다(그림 3-17B). 이것은 염기변환에 의한 유해 돌연변이의 예이다.

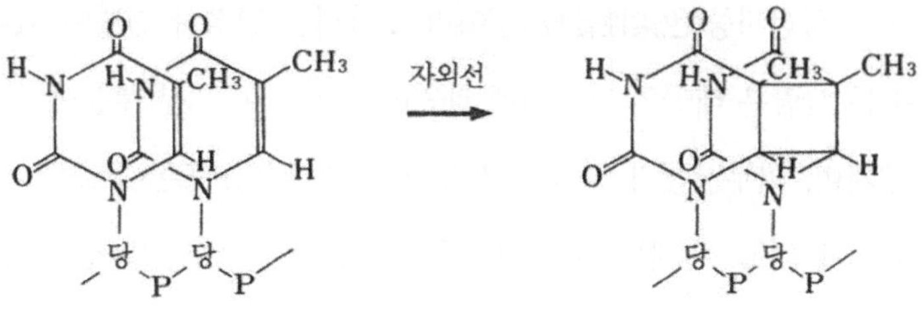

T, T
DNA에 이웃한 티민, 티민

T͡T
티민 2량체

그림 3-18 | 자외선에 의한 DNA의 상처: 시클로부탄형 피리미딘 2량체. 그림은 티민 2량체 T^T를 표시하나, 시토신끼리, 또는 시토신과 티민 사이에도 2량체(C^C, C^T)가 같게 생긴다.

토끼와 사람의 베타글로빈 유전자의 최초의 18염기배열을 비교하면 5개소가 다르다[11](그림 3-17B).

이 차이는 토끼와 사람이 서로 공통된 선조로부터 분기한 이래의 약 6,000만 년 동안에 일어난 자연돌연변이의 누적이다. 이 자연히 일어난 염기변환형 돌연변이는 헤모글로빈의 기능에 해도 이익도 주지 않으므로 중립돌연변이라고 한다.

우성유전병으로 알려져 있는 '망막아종양(網膜芽腫瘍)'은 유전자 결실(缺失, 그림 3-17C 참조)이 원인이다(6장 5절에 상술).

7. DNA의 상처와 세포의 치명상

'색소성건피증(色素性乾皮症)'이라고 불리는 열성 유전병이 있다. 이 병이 든 사람은 태양의 자외선에 과민하다. 노출된 피부 부분에 곧 홍반이 생기며, 피부장해가 악화해 까칠까칠하게 된다. 또한 색소의 침착이 눈에 띄게 되고, 대개는 젊을 때 피부암으로 번진다. 단명하는 질병이기도 하다. 색소성건피증에 걸린 사람의 세포를 배양해서 자외선을 쪼여 보면 보통 사람의 세포보다 10배 이상 약하다[10, 2-4](정상인 세포의 자외선에 의한 치사량의 10분의 1 이하에서 죽는다). 이 자외선 과민증인 사람은 자외선의 피폭으로 생긴 DNA의 상처 '피리미딘 2량체'(티민 등 피리미딘 염기끼리의 유착: 그림 3-18)를 고치는 기능을 결여하고 있다. 보통 사람의 세포는 2량체의 상처의 양단으로부터 수 개의 염기가 떨어진 점에서 DNA 사슬을 절단해서 상처 부분을 끊어버린다. 제거된 후의 구멍은 맞은 쪽의 상처 없는 DNA 사슬을 주형(鑄型)으로 해서 'A 대 T, G 대 C'의 쌍의 법칙에 의해서 수선용의 DNA가 만들어져 메워진다(그림 3-19 참조). 이것은 제거수복(除去修復)이라 부른다. 이때의 일련의 마이크로 수술은 DNA 수복 효소군의 훌륭한 협동 작업에 의한다.[12, 13]

색소성건피증 사람의 세포에는 이 수복의 최초의 '상처를 잘라 내는 효소'의 활성이 없으므로,[10, 2-4] 한번 태양자외선의 피폭으로 생긴 DNA의 상처는 영구히 낫지 않는다.

색소성건피증 사람의 세포에서도 DNA 전체에서 수천 개 정도의 자외선 손상까지 가면 죽지는 않는다. 이 정도의 상처라면 견디는 능력을

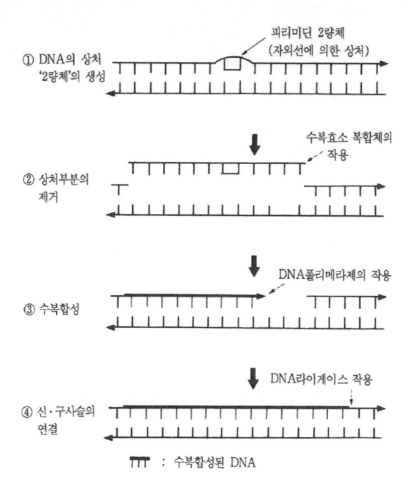

그림 3-19 ｜ 대장균의 제거수복의 모형. 수복된 부분은 굵은 선으로 표시했다. 도시한 ②의 제거작업은 유전자 uvrB의 생산물(단백분자)과 유전자 uvrC의 산물의 공동작업이다. 이 작업 전에 유전자 uvrA의 산물과 uvrB의 산물이 협력해서, 제거해야 할 2량체의 존재 부위를 인식하고, 그것에 부착해서 준비공작을 한다.

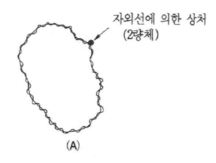

자외선에 의한 상처
(2량체)

(A)

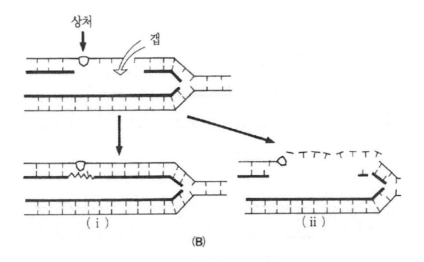

상처

갭

(i)

(ii)

(B)

그림 3-20 | (A) 대장균의 제거불능, 재조합불능의 이중변이주는 DNA의 상처 1개로 죽는다.

(B) 상처(2량체) 있는 DNA 사슬이 복제기에 들어간 후의 과정.

(i) DNA 상처에 대한 저항기능(물결선: 무법 복제 부분).

(ii) DNA 상처가 복제 후 확대되어 치명상이 되는 모식도.

우리는 갖고 있다.

대장균에서는 제거수복 불능에 더해서 또 하나의 DNA 수복 '재조합수복[12, 13]'도 결손하고 있는 이중변이주가 알려져 있다. 이 대장균은 1,000만 개의 염기로 이루어지는 전 DNA 중에서 1개소에 자외선에 의한 상처가 생기는 것만으로도 죽는다(2-4)(그림 3-20A). 그 죽는 모습을 조사해 보면 상처가 있는 채로 DNA 복제가 진행되었을 때, 상처의 맞은 쪽에서 새로운 사슬에 큰 갭(gap)이 생겨 그 1개 사슬 부분에 엔도뉴클레아제라고 하는 절단 효소가 작용해서 상처가 확대되어 DNA의 붕괴가 진행하기 때문에〔그림 3-20B(ii)〕균은 죽는다.

이상으로 알 수 있는 바와 같이 자외선에 의한 DNA의 상처는 아주 가벼운 상처여서 DNA가 복제되지 않으면 균에 대해서는 무해하다. 그러나 균이 분열해서 늘어날 때는 DNA 합성을 할 필요가 생긴다. 그렇게 되면, DNA의 상처가 확대되어 그것이 치명상으로 된다. DNA 복제에 수반하는 자연확대에 의해서 자외선 상처가 치명적으로 확대된다.

DNA의 작은 상처를 고의로 확대해서 치명상으로 하는 것은 어이없는 자연확대가 아닌가. 새 사슬에 갭이 생길 때 얼른 메우면 좋지 않은가. 그러나 이것은 그렇게 쉽게 허용되지 않는다.

상처가 티민 2량체라고 하면, 이 유착 T^T는 정상인 2개의 티민 TT는 아니므로 사슬을 만들 때 "T의 상대에는 반드시 A를 취하라"라고 하는 쌍의 규칙에 의하여 지금의 경우 아무것도 만들지 말라고 하는 것이 된다. 왜냐하면, T의 상대야말로 A를 가져와도 좋으나 T가 아니게 되

어 버린 손상염기의 맞은쪽에서는 DNA 복제를 중지할 수밖에 없다. 이
것은 생명근원의 규칙으로서 반드시 지켜야 한다. 즉 생명근원의 규칙
을 지나치게 충실히 지키려고 하기 때문에 균은 죽어야 한다. 그러면 아
주 잠깐 동안만 쌍의 규칙을 무시하고 제멋대로의 염기를 끼워 넣는 '불

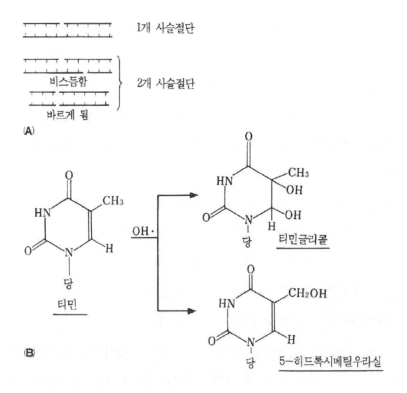

그림 3-21 | 전리방사선에 의한 DNA의 상처.
A. DNA 사슬의 절단.
B. DNA의 염기변화의 예(OH 유리기에 의한 티민의 화학적 변화).

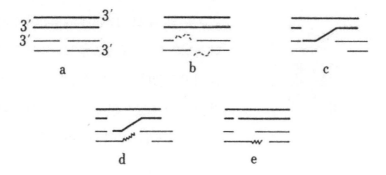

그림 3-22 | 2개 사슬 절단의 재조합 수복모형.
a: 1쌍의 DNA 분자, 한쪽 2개 사슬 절단.
b: 부분적 DNA 분해와 1개 사슬 부분의 노출.
c: 자매 사슬의 교체.
d: 부분적 DNA 합성.
e: 교체 사슬의 복원. 이 후는 제거수복 제2단계 방법으로 수복한다.

충실한 복제효소'를 만든다면 어떻게 될까. 물론, 균은 되살아난다. 그러나 제멋대로의 염기가 새 사슬에 삽입되기 때문에 아주 조금 이상하게 된다. 염기의 배열이 지금까지와 1개소 또는 2개소 달라진다. 즉 돌연변이가 일어난다. 이와 같이 쌍의 규칙을 무시하여 불법의 DNA복제〔그림 3-20B(i)〕를 일으켜서 세포 생명을 돕는 수복을 '착오된 수복'이라고 부른다. 자외선에 의한 돌연변이는 상술한 바와 같은 '불충실한 복제효소'의 작용으로 발생한다.[5, 13] 이러한 효소를 만들지 않는 미생물은 자연계에 상당히 존재해 있어 그들은 자외선에 약하나 자외선에 의한 돌연변이는 일으키지 않는다.

초파리

사람의 세포도 DNA에 치명상이 생기면 불법의 DNA 복제로 뚫고 나가는 능력을 가지고 있다. 그러나 세밀한 기구는 아직 잘 알려져 있지 않다. 그러면 X선을 피폭한 세포의 DNA에는 어떠한 상처가 생기는가. 그것은 DNA 사슬의 절단과 DNA 염기의 수식이다. 사슬의 절단에는 1개

사슬의 절단과 2개 사슬 절단의 두 종류(그림 3-21A)가 있다.[2-4] 염기의 변화에는 여러 가지가 있으나 그림 3-21B에는 방사선으로 수산유리기 OH•(그림 3-5)가 생겨 그것이 티민 염기와 반응했을 때 생기는 두 종류를 보인다.[13] 1개 사슬 DNA의 절단은 곧 수선된다. 2개 사슬 DNA는 대장균으로 여간해서 수복되지 않기 때문에 종종 치명상의 원인이 된다. 그러나 사람 세포는 같은 2개 사슬 DNA를 2조 가지고 있으므로 한쪽 조의 DNA에 2개 사슬 절단이 일어나도 또 1조의 서로 같은 DNA 사슬을 곁에 가지고 올 수가 있으면 그 손상 없는 2개 사슬 DNA 중 1개를 절단된 DNA 쪽으로 일시적으로 재조합하여 그 정보로부터 복사 DNA를 만들어 절단점을 메울 수가 있다(그림 3-22). 즉 여분으로 있는 DNA 정보는 하나의 정보가 절단했을 때 보충하는 역할을 가지고 있다.

사람의 세포는 고속중성자를 쪼이면, X선 때보다도 잘 죽는다. 고속중성자가 양성자에 충돌하면 튕겨 나온 양성자가 염색체를 통과할 때

DNA에 밀집해서 상처를 만든다(그림 3-1 참조). 밀집해서 생긴 DNA 사슬 절단은 고치기 어렵다. 알파입자를 쪼이면 DNA의 실(絲)에 더욱 밀집해서 절단점이 생긴다. 이 때문에 사람 세포는 알파입자에 대단히 약해서 1개의 알파입자가 세포의 핵을 통과하면 세포는 치명상이 된다. 이 때문에 미량이라도 알파입자는 두렵다고 생각되고 있다.[2-4]

사람세포에 X선으로 치명상이 1개 생길 때, 세포의 DNA에는 약 60개의 2개 사슬 절단이 생긴다.(2-4) 이중 어느 하나가 치명상으로 되는 것이라고 생각된다. 대장균의 제거수복 불능, 재조합 불능의 이중변이주에서는 DNA상의 1개의 자외선 손상(피리미딘 2량체)이 치명상으로 된다(그림 3-20A). 대장균의 재조합 불능 주에서는 1개의 2개 사슬 절단이 치명상으로 된다. 2개 사슬 절단이 치명상으로 되는 것을 동물세포에서도 증명할 수 없는가.

초파리에서는 X선에 아주 약한 돌연변이가 두 종류 알려져 있다. 이 돌연변이는 X선에 대한 저항 기능의 두 종류의 경로의 각각을 망쳐 버린다. 따라서 이 X선 감수성 돌연변이를 2종이나 가지고 있는 파리는 보통 파리보다 10배 가까이나 X선에 약하다.[15] 이 주(株)에서는 X선에 의한 치명상이 세포에 1개 생길 때, DNA 2개 사슬 절단은 겨우 3개라고 하는 계산이 된다. 초파리에는 X선에 상당히 약한 제3의 돌연변이군이 있다. 이것을 더한 삼중 돌연변이주에서는 1개의 2개 사슬 DNA 절단이 치명상이 되는 것을 증명할 수 있을지도 모른다. 이것은 필자의 미진한 꿈이다. 이 꿈이 실현될는지도 모르는 증거가 개정판의 집필 중에 얻어지기 시작했다.

4장

저선량의 위험과 발암기구

*

생명 근원의 담당자는 유전자이다. 유전자(DNA)에 방사선으로 상처가 생기면 돌연변이가 일어난다. 그 빈도는 선량에 직선 비례해서 일어난다. 따라서 사람의 피폭량이 아무리 미량이라도 변이 빈도는 0으로 되지 않는다. '방사선은 아무리 저선량이라도 독이다'라고 하는 유전학자의 생각이 1958년 제1회 UN 과학위원회에서 제창되었다. 그때까지는 '방사선 영향에는 안전량이 있다'라고 하는 임상 경험에 기초한 의학자의 생각이 지배하고 있었다. 이에 관련된 사정은 동 위원회 보고의 다음 부분으로부터 알 수가 있다.

'세계 환경의 방사능이 가령 서서히라도 증대하면, 큰 집단에 드디어는 인지될 정도의 장해를 일으킬 것이다. 유해한 유전적 영향은 아주 천천히 나타난다. 위험을 과소평가하고 있는 가능성을 생각해서 인류는 크게 조심하여 나아가야 한다. 그와 동시에 현재의 추정은 장해를 과대시하고 있는 가능성을 제외할 수는 없다. 장래의 철저한 연구만이 이 사이의 참 입장을 결정할 수가 있다.'

이 역사적 위원회 보고는 그 후 '저선량 독성설'을 신봉하는 학자가 많아져, 드디어는 각국 방사선 단속의 법률제정의 기본철학으로 채용되어 현재에 이르고 있다. 그러나 제1회 UN 과학위원회가 올바로 예측한 것 같이, 이 설에 기초한 피폭의 유전적 영향의 추측 값은 실제의 값보다

과대하다는 것이 최근 알려졌다(자세히는 다음절).

방사선 피폭에 의한 암의 위험률은 어떤가? 만일 돌연변이가 암화의 주인이라면 안전량은 없다. 왜냐하면, 피폭이 증대하면 돌연변이 빈도는 직선적으로 증가하여 안전량은 없기 때문이다. 그러나 사람의 방사선 발암은 단순히 돌연변이로 일어나는 것은 아니다.[1, 2]

이 장 2절 이하에서 발암의 짜임새에 관한 최신의 지식을 소개한다.

1. 미량 피폭의 위험에 대한 고찰—방사선 방호의 입장으로부터

방사선을 취급하는 건물이라든가 방은 이웃에 사람이 사는 구역에서는, 방사선의 누출의 최대 허용량을 1년간 0.5rem(렘)으로 하도록 법률로 규정되어 있다.[3] 이것은 2년간 1rem이 된다. 1rem이라고 하는 것은 X선이나 감마선에서의 1rad와 동일하다. 1rad라는 것은 방사선의 피폭량의 단위이다. 따라서 방사선 피폭 1단위는 법률의 글자 자체만을 보면 피폭하여도 눈에 보이는 위험이 없는 양, 말하자면 '허용된' 양이라고도 말할 수가 있다.

그런데 최근 최대 허용량이라는 말은 좋지 않다고 말한다. 방사선은 어떠한 미량이라도 위험을 줄 수 있는 가능성이 있다. 그러므로 1년간 0.5rem이라는 양은 피폭이 허용된 양은 아니고 이 값 이상 피폭해서는 안 되는 한도량—선량한도—이다.(3) 이것이 최근의 국제 방사선 방호위원회의 합의이다.

같은 국내법에서도 방사선을 취급하는 직업인의 1년간의 최대 허용

선량은 5rem으로 되어 있다. 이것도 선량한도라고 고쳐서 해석해야 한다. 이러한 준용이 실제로는 이미 실행되고 있다. 원자력발전 관련의 방사선 작업자를 가진 회사의 노동협약에서 연간 3rem을 방사선 피폭량의 한도로 하고 있는 곳이 많다.

일반인의 최대 허용량은 연간 0.5rem인데도 방사선 작업자의 최대 허용량은 연간 5rem으로 되어 있어 10배나 차이가 있는 것은 왜 그런가. 그것은 다음과 같이 주민 전체의 피폭이라고 하는 입장으로부터 생각하

방사선원	피폭량(밀리래드/년)
모든 자연방사선	78~92
체외 : 우주선	28
대지방사선	32
체내 : 칼륨40	15~27
라돈	0.3
기타 핵종	2~9
항공기에 의한 비행	0.1
인비료의 사용	0.01
석탄화력발전	0.005
방사선을 내는 소비물품	0.8
원자력발전	0.2
핵폭발 실험(1951~1976년의 평균)	8
의료용 방사선	80(생식선 : 20)

표 4-1 | a) UN 과학위원회 보고(1977)에 의한다. 선진국의 자료에 기초한 개략 수치. 자연방사선의 세기는 지역에 따라서 변동한다. 의료 피폭의 값은 선진국에 있어서 전 국민에 평균한 값으로 괄호 밖의 값은 골수 피폭량 (표 1-1 참조).

기 때문이다. 방사선 작업자는 전 주민 중의 극히 소수이므로 그 사람들이 일반인의 10배 피폭해도 주민 전체의 피폭량은 거의 증가하지 않는다. 또, 일반 주민 중에는 방사선에 약한 유아가 있다.

컴퓨터 단층촬영(CT)은 매년 많은 사람의 목숨을 구하고 있는 진단 의료의 인기 있는 존재이다. 표 1-1에 표시한 것 같이, CT 1건당 피부에서는 1rad, 골수에서는 0.2rad 피폭하므로 각종 진단의 피폭량 중에서는 월등하게 높은 값이다. 그러나 일본 주민 전체의 피폭선량으로 고치면 표 2-1의 오른쪽 끝에 표시한 것 같이 위(胃)가 X선 진단 피폭의 30분의 1에 지나지 않는다. 이 이유는 위의 진단을 받는 사람의 수가 CT를 받는 사람보다 더 많기 때문이다. 이와 같이, 법률에서도 의료 피폭의 조사에서도 개인의 위험보다 주민 집단의 위험을 중시하고 있다.

국제 방호위원회는 1rad 피폭하면, 0.01%의 암사망률의 위험이(표 2-3) 있다고 추정하고 있다. 연간 최대 허용량의 0.5rem에서는 0.005%의 발암률 상승으로 작은 값이나 일본 전 주민으로 고치면 5,000명의 암사망자의 증가로 되어 무시할 수가 없다. 미량 방사선의 위험이라고 하는 것은 주민 전체의 위험 확률이라고 생각했을 때 비로소 구체적인 염려(발병자의 수)가 된다. 따라서 방사선 피폭에 의한 위험률은 방사선을 사용하는 쪽-의사, 의료기관, 집단검진 시행자, 원자력발전 회사 등-에 대해서는 방사선의 엄중한 관리를 강요한다. 연구자는 방사선의 인체에의 위험률을 올바로 판정하기 위한 기초 데이터 확립의 강력한 요구에 직면하고 있다.

미량 방사선의 위험을 생각할 때의 기본

생물학의 경험법칙

> 방사선에 의한 암 또는 돌연변이는 자연으로 일어나는 것과 동일하다.

집단의 입장으로부터의 새로운 생명관

> 0.01%의 생명의 위험률은 개인에 대해서는 염려하지 않아도 좋으나, 1억 인의 집단에서는 1만 인의 장해자를 내는 것을 염려하지 않으면 안 된다.

우려된 핵폭발의 지상 실험은 드디어 정지되어 방사성 강하물에 의한 환경방사능의 증가는 끝났다. 우리가 1년간에 피폭하는 것 중에서 자연 방사선에 의한 것이 약 0.1rad이고, 다음으로 많은 것은 의료 피폭으로 골수선량으로 비교하면 자연방사선에 필적한다(표 4-1). 단, 생식선의 의료 피폭량은 0.02rad이고, 핵폭발 실험 강하물에 의한 피폭량은 더 작고, 원자력발전의 보통 운전에 의한 피폭량은 한층 더 단위가 낮다(표 4-1).

표 2-4의 유전적 영향의 추정값은 쥐의 정원세포(精原細胞)의 방사선 감수성의 값을 써서 그것이 인간에도 들어맞는다고 가정해서 계산한 것 이다 그러나 표 2-5로부터 알 수 있는 바와 같이, 피폭 2세의 사람에는 유전적 장해의 증가는 인지되지 않는다.

표 2-5는 방사선의 유전적 영향조사로서는 유일한 것이다. 더구나 이

이상의 조사는, 그 내용은 당분간 바랄 수 없을 정도로 훌륭하다. 40년간 강한 인내로 이 큰 프로젝트 조사를 지도한 J. V. 닐 교수는 미국 인류유전학 잡지의 최종 보고에서 다음과 같이 기술하고 있다.[2-15] UN 과학위원회나 국제 방호위원회가 채용하고 있는 유전적 영향의 위험값(표 2-4)은 사람의 실제 자료에서 보면 위험의 과대 추정으로 되어 있다. 마찬가지로 국제 방호위원회가 채용한 방사선 발암의 위험값(표 2-3)도, 저선량 영역에서는 실제 위험의 과대 추정으로 되어 있다.

이와 같이, 실제의 자료와 일치하지 않는 위험값이 채용되는 데는 이유가 있다. 국제 방호위원회, UN 과학위원회 등 거의 모든 국제 방사선 관련 위원회는 '안전 대책으로서 겁을 내는 쪽이 좋다'라고 하는 생각에 지배되어 왔다. 그러나 선진국에서 법률로까지 채용되고 있는 방사선의 위험값이 실제의 저선량피폭의 자료에 기초해 있지 않는 것은 알고 있어야 한다.

1986년 4월 26일 체르노빌 원자력발전 사고가 일어났다. 이것은 세계의 사람들을 방사능의 공황으로 몰아넣었다. 국제 방호위원회의 지나친 두려움에서 정한 위험값은 도움이 되지 않는 데 그치지 않고, 방사능 공황의 주원인의 하나로 되어 있다. 미량 방사선을 올바르게 무서워하기 위해서는 방사선 발암의 짜임새를 알아야 한다. 인류는 수백만 년 전 아프리카에서 탄생한 이래 자연방사선 중에서 살아왔다. 미량방사선뿐만 아니라 다종다양한 환경 독성요인에 대해서 적응하는 힘을 가지고 있는 것이 틀림없다. 체르노빌 사고 문제도 과학적으로 생각하여야 한다. 이것에 관해서 이 순서에 따라서 이 책에서 다루고자 한다.

2. 일광과민증과 피부암

일광과민증의 병은 여러 가지가 있다. 그 하나에 색소성건피증이라고 하는 유전병이 있다. 이 병에 걸린 사람은 자신의 DNA에 태양자외선으로 상처(피리미딘 2량체, 그림 3-18)가 생기면 그것을 자연치유(그림 3-19)할 수 없다. 이 때문에 색소성건피증인 사람의 세포는 보통 사람의 세포에 비해 10분의 1 이하의 자외선 피폭량으로 죽는다(3장).

그러면 이 병에 걸린 사람의 세포는 자외선에 의한 돌연변이를 일으키기 쉬운가. 색소성건피증인 사람의 세포와 보통 사람의 세포를 시험관에서 증식시킨다. 각각에 적당한 양의 자외선을 쬐인다. 각각을 수 ㎠의 샬레에 1만 개씩 뿌렸다고 하자(그림 4-1 참조; 실제는 능률을 올리기 위해서 훨씬 많이 뿌린다). 37℃의 배양기 중에서 2주 정도 자연증식시킨 후 꺼내서 돌연변이를 일으킨 세포의 수를 센다.

배양액 중에 8-아자구아닌이라고 하는 독약을 가해 놓으면 보통 세포는 자연증식이 되지 않는다. 그러나 이 독약에 저항력을 획득한 '괴짜세포'가 1개 있으면 그것은 까딱없이 자손을 늘리므로 2주 가량 배양하면 수천 개의 '괴짜세포의 집단'—변이세포의 군락(群落, 그림 4-1 참조)—으로 자연확대하는 것을 육안으로 볼 수 있게 된다.

살균등(15와트)으로부터 70㎝ 되는 곳에서 1초간 쬐이면 자외선 1단위(1줄/㎡)의 폭로량(暴露量)이 된다. 실험을 해 보면, 보통 사람의 세포는 1단위의 폭로량까지는 자외선을 쪼이지 않을 때와 같은 정도의 수밖에 변이군락은 나타나지 않는다. 2단위 폭로하면 가까스로 변이군락의 수가 자연의 변이군락의 수를 상회하게 된다(그림 4-1 왼쪽 열의 샬레). 이에 반해서 색소성건피증인 사람의 세포는 1단위의 폭로에도 많은 변이 군락이 나타난다[3-10](그림 4-1 오른쪽 열). 폭로량을 줄이면, 변이군락의 수는 줄지만, '문턱값'(그 폭로량 이하이면 변이군락의 수가 자연의 변이 군락 수를 상회하지 않는 값)은 존재하지 않는다.

즉 색소성건피증인 사람은 태양자외선을 아주 조금 쪼여도 피폭한 피부세포에 돌연변이가 발생할 가능성을 염려해야 한다. 보통 사람이 바다나 산에 가서 햇볕에 그슬려도 괜찮은 것은 자연치유력 덕분에 약간의 태양자외선 손상은 완전히 치유되기 때문이다. 즉 실험 결과는 자외선에 의한 돌연변이에는 보통 사람의 경우 '문턱값'—변이되지 않는 안전량—이 존재한다는 것을 암시한다.

이상 기술한 실험(그림 4-1)에서는 자연치유가 잘 진행하도록 세포를 분열하지 않는 상태(그림 4-9의 G_0기)에 멈추어 놓고, 자외선을 쪼여서 그 후에도 느긋하게 치유 시간을 준 뒤에 세포를 꺼내서 세포분열이 일어날 조건을 갖춘 샬레에 뿌려서 충분히 오래 배양하고 난 후 돌연변이를 조사했다.

실제 우리 신체의 피부세포의 대부분은 분열하지 않는 안정(安靜)상태에 있으나, 소수의 세포는 분열기에 있고, 그중에는 자외선에 약한 시기(그림 3-14의 G_1 말기로부터 S의 초기)에 있는 것도 있다. 이들 세포는

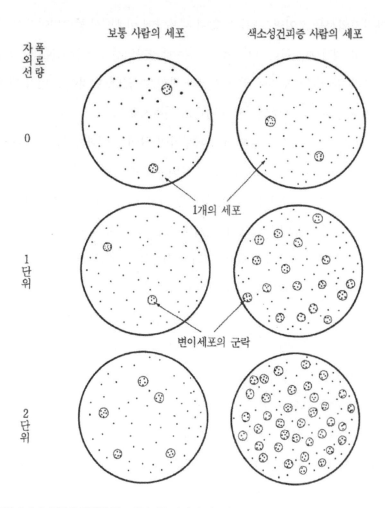

보통 사람의 세포   색소성건피증 사람의 세포

자외선 폭로량

0

1개의 세포

1단위

변이세포의 군락

2단위

그림 4-1 | 일광에 과민한 '색소성건피증 사람의 세포와 보통 사람의 세포에 자외선을 쪼였을 때 돌연변이가 나타나는 방식의 비교.

실험 방식 : 세포에 자외선을 쪼인 후, 샬레에 약 1만 개의 세포(그림의 검은 점)를 뿌린다. 8-아자구아닌이라고 하는 약제를 함유하는 배양액을 넣어서 약 2주 37℃로 배양해서, 8-아자구아닌에 저항력을 가지는 변이세포의 군락의 수를 센다. 자외선 폭로량의 1단위 15와트의 살균등으로부터 70㎝의 거리에서 1초간의 폭로량.

태양자외선을 쪼이면 '문턱값' 없이 피폭량에 비례해서 돌연변이가 일어난다고 생각해야 한다. 따라서, 우리는 태양자외선에 의한 DNA의 상처로부터 완전히 보호되어 있다고 잘라 말할 수 없다. 이것이 노년이 되면 늘어나는 피부암의 주원인의 하나라고 여겨지고 있다.

피부암에 관해서는 젊어서도 피부암이 많이 발생하는 색소성건피증의 예에 우선 주목하자. 표 4-1은 일본의 주민에 관한 조사 결과이다.[3-10] 태양자외선으로 DNA에 생기는 상처를 거의 고치지 못하는 '자연치유 부전중증(不全重症)'인 사람에서는 30세 미만에서 100% 피부암이 생기고, 30세 이상에는 생존자가 없다. 그러나 최근은 이 병을 가지고 있는 것이 유아기의 진단에서 알 수 있게 되어 태양자외선 방호 방법이 여러 가지로 강구되고 있다. 따라서, 피부암에 의한 젊어서 죽을 염려는 이제부터는 크게 줄어들 것이라고 기대되고 있다. 표 4-2에서 자연치유 부전경증인 사람에서도 20대에서 60%나 피부암이 발생하고 있는 것은 놀랍다.

피부암은 백인 사이에서는 가장 높은 빈도로 걸리는 암이다. 다행히도, 사망률은 낮다. 피부암에 가장 걸리기 쉬운 것이 켈트(Celts)계 사람이다. 호주의 카브르추아(남위 27.5°)와 텍사스의 엘파소(북위 31.8°)는 거의 같은 위도(적도로부터 남측과 북측의 차이는 태양광의 세기에는 영향이 없다)에 있으므로, 태양자외선의 세기는 두 곳 마을에서 동일하다.

그런데 카브르추아의 주민은 텍사스 주민보다도 매우 높은 빈도로 피부암이 발생한다(그림 4-2의 곡선 A와 C의 비교). 이 이유는 카브르추아의 주민은 대부분이 켈트계 주민이고, 엘파소는 비켈트계 주민의 마을이

일본 주민의 피부암 발병률의 퍼센트(실수의 비율)					
	연령	0~9	10~19	20~29	30 이상
색소성건피증의 사람	무겁다 (0~5%)	$33(\frac{18}{55})$	$68(\frac{17}{25})$	$100(\frac{4}{4})$	생존자 없음
자연치유 부전	중간 정도 (5~30%)	$33(\frac{2}{6})$	$75(\frac{3}{4})$	$75(\frac{3}{4})$	$50(\frac{3}{6})$
	가볍다 (30% 이상)	$0(\frac{0}{2})$	$33(\frac{2}{6})$	$62(\frac{8}{13})$	$66(\frac{21}{32})$
전주민		3×10^{-5}	1×10^{-4}	3×10^{-4}	6×10^{-4} : 30대 2×10^{-2} : 70대

표 4-2 | 일광과민증의 하나 '색소성건피증' 사람의 피부암 발병의 연령과 자연치유(DNA 수복) 부전중증도의 관계

기 때문이다. 켈트계 민족에 관해서는 프랑스 영화 〈홍당무〉를 본 사람은 주역의 주근깨 소년을 생각하면 된다. 이 민족에는 태양자외선을 쪼였을 때 '햇볕 그슬림'의 반응(멜라닌색소의 증산이 촉진되기 때문에 살갗이 갈색으로 변화하는 현상)에 의해서 태양자외선을 막는 능력이 유전적으로 결여되어 있다. 그 때문에 일광을 쪼여도 햇볕에 그슬리지 않은 채 주근깨가 많이 나타난다. 따라서 같은 세기의 태양자외선을 쪼여도 엘파소의 사람들의 피폭량은 햇볕 그슬림의 덕분으로 격감하는데, 카브르추아의 사람들의 피폭량은 거의 줄지 않는다. 즉 일광을 쪼였을 때 표피하층 세포(그림 4-11의 기저 세포)까지 도달하는 태양자외선의 양이 켈트 사

람에게는 많기 때문에 피부암이 많이 발생하는 것이다.

호주의 켈트계 주민은 아일랜드로부터 온 이민자이다. 그러면 본국 아일랜드에 살고 있는 켈트인의 피부암의 발생 상황은 어떠한가. 그림 4-2의 곡선 B가 이 사람들의 피부암 발생률과 연령의 관계를 표시한 것이다. 아일랜드의 태양자외선의 세기는 호주의 약 4분의 1이다. 그러므로 아일랜드와 호주에서의 피부암 발생률을 표시하는 곡선 B와 A의 차이를 생각해 보자.

우선 발암률은 폭로한 태양자외선의 총량에 비례한다고 가정하자. 아일랜드의 태양자외선 세기는 호주의 4분의 1이므로 같은 발암률의 연령

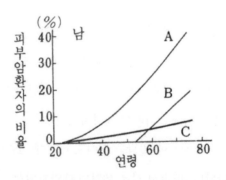

그림 4-2 | 피부암의 발생률과 연령과의 관련을 세계 3지구의 주민에 관해서 비교. A: 호주의 카브르추아(남위 27.5°) B: 아일랜드의 가르베이(북위 53.3°) C: 텍사스의 엘파소(북위 31.8°). 호주와 아일랜드에서는 켈트계 주민이 많은 마을을 선택하고 텍사스에서는 비켈트계 주민의 마을을 선택했다.

은 아일랜드에서는 호주의 4배일 때일 것이다. 실제로는, 예를 들면 5% 발암률은 호주에서 35세(곡선 A), 아일랜드에서는 60세(곡선 B)이다. 아일랜드의 실제의 발암은 가정에 기초한 예측보다도 빨리 발생하고 있다.

발암 짜임새의 가정이 지나치게 단순한 것 같다. 다음과 같은 가정을 생각해 보자. '발암률은 매일의 피폭량 d와 발암까지의 시간 t의 세제곱의 곱에 비례한다.' 즉 '$d \times t^3$의 법칙'을 가정한다.[6] 아일랜드에서는 $d \times 60^3$으로 21600d로 되고, 호주에서는 $4 \times d \times 35^3$으로 171500d로 된다 (d 앞의 4는 자외선이 4배 강하므로). 양자의 값은 20%의 차이의 범위에서 일치하고 있다. 그림 4-2의 곡선 A와 B의 여러 가지 발암률의 고장의 차이도 '폭로일수의 세제곱의 법칙'으로 설명된다. 그것을 그림에 그려보면, 그림 4-3과 같이 된다. 발암률은 연령이 늘어나면 가속도적으로 상승하는 것을 잘 알게 된다.

돌을 높은 곳으로부터 떨어뜨리면 처음에는 천천히 떨어지나 차차 속도가 증가해 간다. 돌을 아래로 끌어당기고 있는 힘은 언제나 같아도 돌이 떨어지는 거리는 떨어지기 시작해서부터의 시간의 제곱에 비례한다. 매일 쪼이는 태양자외선의 양은 여름과 겨울이 매우 다르지만, 간단히 하기 위해서 평균해서 생각한다고 하면 피부의 세포는 매일 거의 일정한 힘으로 암화 방향으로 밀어붙여지고 있다고 생각해도 좋을 것이다.

그렇게 하면, 물리학의 낙하법칙의 경우보다도 피부세포가 암화의 길을 달리는 거리가 더욱 시간에 의해서 급증한다고 말할 수 있다. 역으로 말하면, 암화가 시간의 세제곱에 비례한다고 하는 것은 돌이 떨어지는 경우보다도 처음에는 더 완만하게 움직였다가(그림 4-3의 젊었을 때의 점) 노년이 되면 더 급속히 발암률이 상승하는 것을 의미한다(그림 4-3).

인체의 세포는 발암인자와 만나서 암이 되기까지 긴 시간이 걸린다. 돌연변이는 세포가 변이를 일으키는 물질 또는 방사선과 만 나면 단숨에 일어난다. 따라서 암은 단순한 돌연변이의 발생과는 다르다.

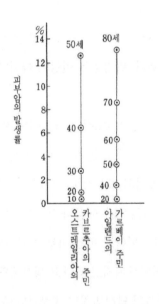

그림 4-3 | 태양자외선을 계속 쪼였을 때 발생하는 피부암 발생률의 상승과 연령의 관계. '폭로연령 세제곱의 법칙'을 도시한 것. 가르베이의 태양자외선의 강도는 카보르추아의 약 1/4 이다.

146

3. 발암의 다단계설^(2, 4, 5~8)과 방사선⁽⁹⁾

"스기다 겐파쿠(杉田玄白)가 해체신서(解體新書)의 전체 번역을 완성한 그다음 해, 즉 1775년 영국의 퍼시벌 포트(세인트 바솔로뮤 병원의 외과의사)는 외과 잡지에 음낭암에 대해서 발표했다. 그 서두를 인용해 보자. '여기에 어떤 특정한 사람들에 한해서 발생하는, 사람에게 별로 알려지지 않은 병이 있다. 그것은 굴뚝 청소부의 암이다. 정해진 것처럼 음낭의 하부에 나타나며, 통증을 수반하는 궤양의 형태를 취하고, 기술자들은 '그을음 사마귀'라고 말하고 있다. 그들의 운명은 참으로 비참하다. 어렸을 때부터 굴뚝 속에 들어가서 온몸이 검정투성이가 되어 계속 일을 하지만 청년기가 됨에 따라서 이 죽을병에 걸린다.' 이 암의 원인은 검댕인 것, 잠복기가 약 10년이라는 것, 조기 수술 이외에 치료법이 없는 것을 완전하게 보고하고 있다.

그로부터 100년이 지나서 1875년, 독일에서는 갈탄의 훈류액(燻溜液)으로부터 파라핀을 분리하는 작업에 종사하고 있던 노동자 3명에게 음낭암이 발견되었고, 아닐린 색소 공장의 종업원에게 방광암이 많이 발생하는 것이 보고되었다."

이상은 가마고리(釜洞太郎)의 명저『암 이야기⁽⁴⁾』에서 인용하였다. 조금 더 인용해 본다.

"잇달아 발견된 공업용 화학물질로 일어나는 인간의 암을 먼저 인간의 손으로 동물에 만들어 보자고 하는 기운이 싹트고 있었다. 여러 사람이 시험해 보았으나 암은 생기지 않았다. 그리하여 최후의 영관은 두 사람의 일본인 야마기와(山極勝三郎)와 이치카와(市川原一)의 머리 위에서 빛났다. 당시의 도쿄 의과대학 병리학 교수 야마기와(山極)는 제자가 아무도 도와주지 않으므로 수의학교를 갓 졸업한 무명의 청년 이치카와 씨에

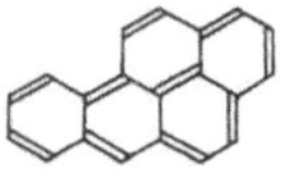

3,4-벤조피렌

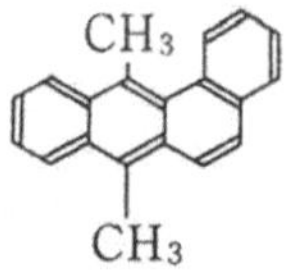

7,12-디메틸벤즈(a)안트라센
(DMBA)

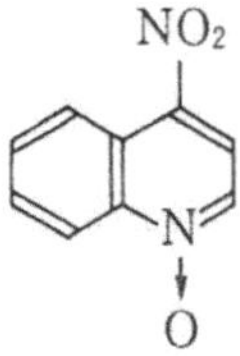

4-니트로키놀린 1-옥시드

그림 4-4 | 발암성 화학물질

게 월 30원을 지급하고 토끼의 귀에 콜타르를 칠하는 일을 돕게 했다.

101마리의 토끼의 귀 안쪽에 1~2일 걸러 타르를 칠했다. 50일이나 칠을 계속하니 모든 토끼에 사마귀 모양의 종양이 생기는데, 모두 양성이다. 여기서 중단해서는 암으로 되지 않는다. 암으로 되는 데는 칠을 계속해 150일에서 300일을 필요로 했다. 101마리 중 31마리에 암이 생겼다. 그것은 1915년의 일이다,

야마기와 선생님이 과학자로서 탁월했던 것은, 발암에는 장기에 걸친 잠복기가 절대로 필요하다고 믿어 의심하지 않았다는 점에 있다."

이렇게 가마고리는 기술하고 있다. 타르는 쥐의 등에 계속 칠해도 일정한 잠복기를 지나야 피부암을 발생시킨다는 것을 알았다. 타르 성분 중에서 3, 4-벤조피렌(그림 4-4)이 발암물질로서 추출되었다. 이것을 쥐의

피부에 계속 칠하면 발암까지의 기간 t와 1회당 도포량 d 사이는 dt^4식에 따르는 것을 알게 되었다. 이것은 1회의 벤조피렌 도포량을 16분의 1로 감소해도 2배 오래 칠하면 마찬가지로 발암하는 것을 의미한다. 앞에, 태양자외선에 의한 사람의 피부암 발생은 dt^3에 따른다는 것을 기술했다. 이것은 태양자외선의 세기 d가 8분의 1로 감소해도 2배의 연령이 되면 마찬가지로 발암하는 것을 의미한다. 벤조피렌에 의한 발암 쪽이 자외선 발암 때보다도 시간적 요인이 크게 작용하고 있는 것을 의미한다.

1일에 끽연하는 담배의 개수를 d라고 하면 폐암이 일정한 확률로 발병하기까지의 시간 t와 d 사이에는 dt^5에 가까운 관계가 성립한다.

그러면 발암에는 왜 긴 시간이 걸리는 것일까. 이 수수께끼를 푸는 열쇠를 주는 실험을 소개한다.[5, 6] DMBA(7, 12-dimethylbenz (a)anthracene, 그림 4-4)라고 하는 발암제가 있다. 쥐 등의 일부 털을 깎아서 거기에 이 발암제를 칠한다. 그것만으로는 발암되지 않는 미량을 칠한다. 칠한 위에 크로톤유(열대산의 나무 열매로부터 채취한 기름으로 피부자극 작용이 강하다)를 반복해서 칠하면 피부암이 발생한다(그림 4-5). 반대로, 먼저 크로톤유를 반복해서 칠하고 나중에 DMBA를 칠하면 암은 발생하지 않는다. 그러나 놀라운 일은, DMBA를 1회 칠하고 긴 기간이 지난 후 크로톤유의 반복 도포(塗布)에 의해서 암이 발생한다(그림 4-5). 먼저 투여한 DMBA는 암화의 제1보를 세포에 각인하는 힘을 가지고 있으므로 암화의 시발 인자(initiator)라고도 불리게 되었다. 크로톤 유의 암화의 제1보를 내디딘 세포를 암으로 되도록 촉진한다고 하는 의미로서 촉진 인자(promoter)라고 불린다.

많은 암화 시발 인자가 발견되어 있으나 그 대부분은 세균에 돌연변이를 일으킨다.[5, 2-12] 다른 한편, 크로톤유로부터 암화 촉진작용을 가진 물질(TPA)이 정제되었는데 이것은 돌연변이를 일으키는 힘을 가지고 있지 않다. 이 결과로부터 암화의 시발은 세포에 발암성 돌연변이가 일어나기 때문이라는 생각이 유력하게 되었다. 촉진 인자의 대부분은 '발암성 변이를 일으킨 세포'에 증식의 자극을 주므로 그 자극이 계속하고 있는 동안은 변이세포의 한 무리가 증가한다.

촉진 인자의 투여를 그만두면 부기가 가라앉아 원상으로 돌아간다. 촉진 인자의 작용은 가역적이다. 그러나 오랫동안 촉진 인자를 반복해서 투여하면 변이세포로부터 더 증식력이 강한 세포가 나타나고, 촉진 인자 없이도 증가하게 되어 발암 상태로 된다. 이것을 암의 진행이라 한다.

최근 연구의 진보에 의해서 암의 진행은 정상 세포가 점차로 많은 변화 단계를 거친 끝에 전신적 통제 명령에 복종하지 않게 되고, 자주적 증식력과 다른 조직에의 침략력을 획득하기 때문에 일어난다고 생각되고 있다.[3-5] 이 다단계의 암화 과정이 어떻게 해서 일어나는가. 다단계 과정을 다음의 3단계[7](그림 4-6)로 나누어서 생각하면 알기 쉽다.

(1) 암 시발: 간세포 중에 암화의 제1보를 내디딘 변이세포가 탄생하여, 그 자손은 암 시발의 각인을 계속 보유한다.

(2) 암 촉진: 촉진 요인 때문에 암 시발 변이세포의 동족이 번식하는데, 촉진 요인이 없어지면 (1)의 단계로 되돌아간다.

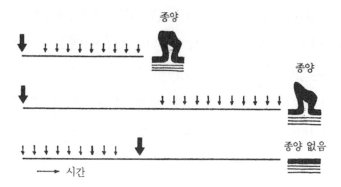

그림 4-5 | 암화의 '시발'과 '촉진' 현상의 증거가 되는 실험. 소량의 발암제(⬇)을 1회 쥐의 피부에 칠한다. 크로톤 기름(↓)을 반복해서 같은 피부에 칠한다.

(3) 암 진전: 시발 변이세포가 악성 암 특성을 가질 때까지 전진한다. 악성 암세포는 고도 번식률, 침략성, 전이능력, 호르몬 반응 이상성, 세포의 형태이상 등의 특징을 가지고 있다. 이들의 세포 특성을 세포에 후성적(後成的, 비유전적) 변화와 유전적 변화가 속발한 결과 나타난다.

쥐에 암을 일으키는 화학물질의 약 절반은 돌연변이를 일으키는 힘이 없고 세포의 증식을 일으키는 힘을 가지고 있다.[40] 이 좋은 예는 사카린이다.[40] 사카린은 '문턱값' 이상의 양을 쥐에 주었을 때만이 투여 중에 방광 내피층의 간세포에 특이적으로 세포분열을 촉진시켜 그 결과 방광의 내피층이 두꺼워진다. 간세포에서는 분열 횟수에 비례하여 자연 돌연변이가 증가하기 때문에 사카린 투여시간이 길게 되면 간세포에 암 변이가 축적하여 드디어 악성 암의 제 특성을 전부 획득하기까지 진행한다. 사카린의 사람에의 섭취 용량은 쥐에서의 '문턱값'보다 적으므로 방광암을 일으킬 염려는 없다.

방사선은 사람의 암의 '촉진' 요인인가, 그렇지 않으면 '진전' 요인인가? 원폭 백혈병의 예로 생각해 보자. 선량 Xrad를 피폭했기 때문에 조혈계 간세포(전신에 그 총수가 S개라고 가정)에 암 시발성 돌연변이(DNA 결손형으로 열성 변이라고 가정)가 빈도 Y로 일어났다고 가정하면 그것

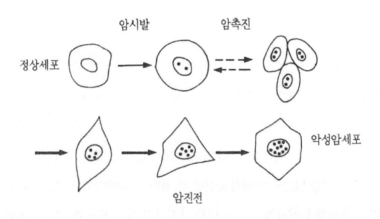

그림 4-6 ｜ 암화의 3단계. (1) 암시발(initiation, ―)은 불가역 과정. (2) 암촉진(promotion, ---)은 가역과정. (3) 암진전(progression, ―)은 불가역과정; 세로에 형질적 변화와 유전적 변화가 속발한다. 그림 중의 세포핵 내에서의 표는 DNA 재배열, 돌연변이 또는 염색체이상을 의미한다.

은 다음 식으로 표시할 수 있다.

$$Y=S(aa+abX)+2 \qquad (1)$$

이 식에서 a는 자연변이 빈도, b는 1rad당의 방사선 유발변이율이다. 2로 나눈 것은 세포가 2개의 동류 유전자를 가지고 있으나 그 1개에 열성변이가 자연빈도 a로 일어난 후에는 또 1개의 열성변이는 나머지 1개의 무상(無傷)의 유전자에 일어나야 하기 때문이다.[9]

식 (1)과 유사한 결과가 피폭 후 약 40년이 지나서 실제 얻어졌다. 그것은 세포 표면의 글리코콜린A이라고 하는 단백 분자에 변이가 생긴 적혈구를 수백만 개의 정상적혈구로부터 바이오 첨단 기술로 골라내어 조사한 결과이다. 이 조사에서는 2개의 유전자가 같지 않은 사람만을 조사한 것으로 1개의 변이—실은 유전자가 결손된 열성변이—가 발생한 것만으로 변이 적혈구가 발생했다. 이 조사에서 얻어진 S, a, b의 실수값을 식 (1)에 채용하는 것이 포인트이다. 적혈구의 변이와 백혈병을 일으키는 변이는 전혀 다르다. 그러나 이 변이 적혈구는 피폭하고 약 40년이 지나도 생산되고 있으므로 이것은 40년 전의 피폭 직후에 조혈계 간세포에 일어난 변이에 유래하는 것이 틀림없다. 변이 간세포는 원폭 생존자의 체내에서 피폭 직후 발생하고 나서 계속 살아 있는 것이다. 그러므로 이 변이는 식 (1)에서 가정한 것〔불사(不死)의 간세포에 생긴 결손형 열성 돌연변이〕과 동종이라고 생각해도 좋은 것이다.

앞에서 실수값을 넣은 식 (1)을 실제의 연간 백혈병 발생률과 비교하기 위해서 고쳐 쓰면 다음과 같이 된다.

$$f(백혈병\ 빈도/10만\ 명·년)=3.2+0.056X(rad) \qquad (2)$$

이 이론식은 그림 4-7에 표시한 것 같이 급성백혈병에 의한 연간 평균 사망률 대 피폭선량의 관계와 아주 잘 일치함을 보인다. 단, 저선량 구역에서는 이론과 실제의 어긋남이 크다. 그러나 같은 그림의 만성 골수성 백혈병의 선량효과 곡선은 식 (2)에서는 전혀 설명이 되지 않는다. 만성 백혈병은 '문턱값'을 넘어서 중선량(中線量) 이상을 피폭한 사람만이 발병했다. 따라서 방사선은 암을 진전 시키는 힘을 가지고 있을 가능성이 높다. 그 기구를 생각해 보자.

원폭에서 아치사선량(亞致死線量)을 피폭한 사람 중에는 조혈조직의 상처가 완치하는 데 십수 년 이상도 걸린 예가 보고되고 있다. 조직손상의 수복 현장에는 수복공사를 담당하는 각종 세포군과 수복작업에 참가하는 세포성 인자군이 뒤섞여서 동원된다. 일반적으로 염증이라고 표현되고 있는 바와 같이 상처의 현장은 수라장에 가까운 미크로 환경을 만들고 있다. 따라서 수라장에 말려들어 간 간세포군은 조직의 연대제약으로부터 해방됨[2]과 동시에 수복 인자군의 수리 작용의 과잉에 의해서 염색체이상의 연속 유발이라고 하는 이상사태에 부딪혔다.[9] 수라장의 미크로 환경은 증식능이 발달한 클론이 경쟁에서 이기는 자연선택의 장으로서

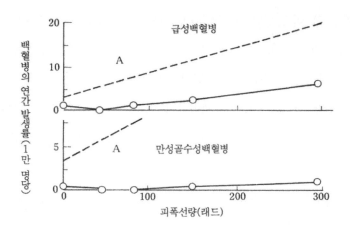

그림 4-7 | 나가사키 원폭 방사선의 피폭량(T65D추정법)과 백혈병 발병률(1950~1978)의 대응곡선(─○─ :이치마루 등. 1986)과 이론직선 A의 비교 이론직선은 본문 참조

작용하는 것이라고 생각된다. 상처가 완치하면 세포의 증식능(=암악성화)의 진전은 중지한다. 그러나 또다시 상처가 생기면 암의 진전을 속행한다. 이윽고, 악성 암 특성을 완비한 세포 클론이 탄생한다. 이상의 가설을 '조직수복 오류에 의한 방사선 발암 모형[9]'이라고 부르기로 한다.

최근, 조직수복에서는 TGF(트랜스포밍 증식인자) 베타[6, 9]가 수복작업의 전체적 진행에 있어서 가장 기본적 역할을 담당하는 인자(따라서 가장 작용범위가 많은 인자)의 하나일 것이라는 말이 나왔다. 이 인자를 시발 변이를 갖는 동물에 주사하면 주사한 곳에 암이 발생한다.

원폭 백혈병의 발병은 피폭으로부터 약 20년 후에 거의 종료되었다 (그림 2-7). 이 발병의 경년(經年) 변화를 보면 다음의 것이 시사되고 있다. 약년기(若年期)의 피폭에서는 발병의 피크가 높고, 발병이 피폭 후 빨리 나타나서 빨리 종료한다. 노년기의 피폭에서는 발병의 피크가 낮아 늦게 발병하여 긴 기간 발병이 계속된다. 이것은 '조직수복 오류 모형'으로 다음과 같이 설명된다.[9] 약년기는 조직 수복력이 강해서 수복 오류가 크고 발암률이 높으나, 발암 종료(상해 완치) 시기가 빠르다. 노년기는 수복력은 약하므로 수복 오류가 작고 발암률은 낮으나 상처 완치(발암 종료) 시기가 늦다. 고형종양(固形腫瘍)도 이 수복 오류 모형으로 잘 설명된다.

4. 암유전자[6, 8, 11, 12]와 방사선

시험관 속에서 사람 세포를 증식할 수 있도록 된 것은 1950년대 초이다. 최초로 배양할 수 있게 된 세포는 헬라(Hela)라고 불리고 있다. 이것은 자궁경부암 유래의 세포로 이름은 암세포 제공자의 머릿글자이다. 헬라세포는 지금도 세계 각국의 연구실에서 불로불 사의 생명을 유지하면서 증식하고 있어서 사람 세포의 연구에 헤아릴 수 없는 공헌을 해 왔다.

헬라세포에 이어서 여러 가지 암세포를 시험관 속에서 증식시킬 수가 있게 되었다. 이러한 암세포로부터 DNA를 꺼내서 그 DNA 안을 자세히 조사해 보면 때때로 암유전자가 발견되었다. 최근에는 암 조직으로부터 직접 DNA를 추출하여 그 속으로부터 암유전자를 꺼내는 것도 가능하게 되었다.

예를 들면, 방광암의 세포로부터 DNA를 추출해서 적당히 절단하여 "시험관내 발암" 검정용의 배양쥐세포(NIH3T3이라고 하는 이름의 세포주)에 넣어 주면 때때로 이상한 형태를 한 세포가 나타난다. 이 형질 전환한 세포를 증식해서 적당한 수를 쥐에 이식하면, 이 세포는 암을 만들어 쥐를 죽인다. 검정용 세포의 형질을 이상화하는 힘을 가진 DNA 한 부분을 정제하였더니 다음과 같은 놀랄 만한 일이 알려졌다. 쥐에 육종(肉腫)을 만드는 바이러스로 하베이주라고 불리고 있는 것이 가지고 있는 암유전자와 사람 방광암의 암유전자가 동일하다고 하는 것이다. 발암 바이러스의 연구가 진척된 덕분에 사람 방광암유전자의 정체는 금방 알려져 H-라스(ras)라고 불리게 되었다(H는 하베이의 머리글자, 라스는 쥐육종의 약칭). 이 H-라스유전자와 거의 동일한 유전자가 사람의 제11염색체와 X염색체상에 있어서(그림 4-8) 우리 신체의 정상 기능에 필수적인 작용을 하고 있다. 그러나 방광암세포에서는 이 유전자가 만들어내는 단백질 분자의 아미노산이 1개소(선두로부터 12번째 또는 61번째)만이 이상이 되어 있다. 즉 발암성의 라스 유전자는 정상 라스 유전자의 염기배열이 1개소 변화한 유전자이다. 발암성 H-라스 유전자는 정상 H-라스 유전자가 공존하고 있어도 발암력을 나타내므로 우성유전자이다. 이와 같이, 1개의 염기쌍 치환으로 우성 돌연변이의 특성을 나타내는 것은 효소를 만드는 유전자보다도 조절 기능을 다하고 있는 유전자에 많다.

염기쌍치환 돌연변이는 진화 도상에 있던 우리 선조의 성세포에 종종 일어나고 있다(글로빈 유전자의 예, 그림 3-17 참조). 동일한 돌연변이

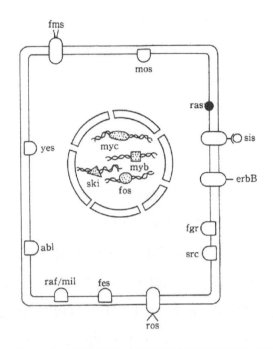

염색체 번호	1	2	3	4	5	6	7	8	9
발암유전자명	ski N-ras B-lym fgr	N-myc fos	raf mil	raf mil	fms	myb K-ras	erbB	mos myc	abl
염색체 번호	11	12	14	15	17	18	20	22	X
발암유전자명	H-ras	K-ras	fos	fes	erbA	yes	src	sis	H-ras

그림 4-8 | 사람의 암유전자의 분류. 그림은 암유전자의 산물이 만들어 내는 단백분자를, (1) 증식인자(○), (2) 세포막의 리셉터 (O), (3) 증식, 분화의 조절인자(●), (4) DNA 결합인자(핵 내의 반점 심볼), (5) 증식, 분화의 신호전달인자 (기호)로 나누어 표시한 것. 표는 암유전자가 위치하는 염색체의 번호.

가 신체를 만들고 있는 세포에서 일어나도 이상한 일은 아니다. 내가 놀란 것은 불과 1개의 염기쌍치환이라고 하는 '가장 작은 DNA 변화'에 의한 돌연변이에서 발암력을 가지는 유전자가 출현한 점이다. 라스 유전자 외에 정상 기능에 필요하고 돌연변이가 일어나면 발암력을 가지게 변화하는 유전자(이것을 암원 유전자라고 한다)가 사람에서 30종 가까이 발견되어 있다. 그것들은 23개 염색체의 여기저기에 분산해서 위치해 있다 (그림 4-8).

발암성 라스 유전자를 보통의 배양쥐세포에 넣어 주어도 세포의 형태나 성질에 큰 이상이 나타나지 않는다. 앞에서의 검정용 세포에 넣어 주면 세포의 형질에 이상이 나타난다. 검정용 쥐세포는 한 발 나아가면 발암하는 특별한 세포이다. 따라서 발암성 유전자가 1개의 염기쌍치환이라는 '작은 돌연변이'로 만들어졌으므로 놀랐지만 그 발암력이 약하다는 것이 알려져서 납득이 간다.

사람의 정상 라스 유전자(암원유전자의 하나)와 똑같은 유전자는 쥐, 새, 초파리, 효모균에서도 발견되었다. 빵 효모균은 부영양(富榮養) 환경에서는 활발하게 계속 증식하지만, 영양이 없어지면 태도를 바꾸어 포자로 되어 휴면 상태에 들어갈 준비를 시작한다. 효모균 중에 사람의 발암성 라스 유전자를 넣어 주면 그 효모는 영양 상태가 나빠져도 증식을 정지하지 않고 계속 증식한다.

암세포의 제1특성은 멈추지 않고 계속 늘어나는 것이다. 발암성 라스 유전자를 넣어 준 효모균은 바로 이 암의 제1 특성을 나타내고 있다. 세포의 증식은 암의 중요한 문제이므로 상세히 다루어 보자.

뇌나 근육을 만들고 있는 세포의 대부분은 성인이 되어서는 증식하지 않는다. 피부 표피세포의 예에서도 증식하고 있는 것은 기저층에 있어서 세포의 다시 젊어짐의 역할을 하고 있는 간세포(그림 III-11)뿐이다. 혈구 생산을 담당하고 있는 간세포는 적혈구를 만드는 것, 백혈구를 만드는 것 등의 수종류로 나누어지고 있다(그림 3-10). 이들의 간세포도 그 대부분은 분열을 하지 않고 '정지' 상태—G_0기(그림 4-9)—에 머물고 있어 일부의 간세포만이 '분열증식' 상태에 있다. 그러나 '정지'의 세계에 있는 세

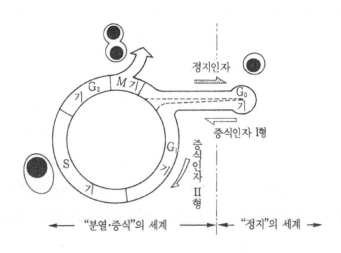

그림 4-9 | 보통의 세포는 분열 증식을 하고 있는 상태와 정지 상태 사이를 왕래한다. 암세포는 정지 상태 G_0기에 머무를 수가 없다.

포는 주위의 내부 환경의 변화에 따라서는 '분열·증식'의 세계로 바뀐다(그림 4-9). 증식의 세계로 인도하는 물질(세포의 각성제)이 최근 몇 가지 발견되었다. 이것을 증식인자 1형(그림 4-9)이라고 부르기로 한다. 제22염색체에 있는 암원 유전자 시스는 1형의 증식작용을 가지는 작은 단백질을 만든다(그림 4-8의 ○). 라스 유전자도 작은 단백 분자(그림 4-8의 ●)을 만든다. 라스 단백은 세포가 환경변화에 적응하기 위하여 정지인자와 증식인자(1형)(그림 4-9)의 어느 쪽을 활발화해야 될 것인지 선택을 해야만 되었을 때, 올바른 쪽을 활성화하는 조절 역할을 하고 있다. 효모의 라스 유전자를 사람의 발암성 라스 유전자로 치환하면 그것이 만들어 내는 변이 라스 단백은 증식인자의 활성화 쪽으로 치우친 조절을 하기 때문에 환경이 나빠져도 세포는 휴면할 수가 없게 되어 끝없이 증식을 계속하려고 한다.

암 유전자의 대부분은 세포막으로부터의 신호를 전달하는 단백과 막의 부품 '리셉터'—증식작용 및 정지작용을 가지는 단백질 분자의 받침접시의 역할을 하는 대형의 단백분자—(그림 4-8)를 만드는 유전자이다. 세포가 정지의 세계로 조용하게 대기하고 있기 위해서는 정지인자가 그 리셉터에 부착하여, 그 신호가 세포 내에 전달되어 세포 내의 분자 사회가 정지 체제로 바꾸어 편성되어야 한다. 리셉터나 신호전달 단백에 이상이 일어나면 신호가 올바로 세포 내에 전달되지 않게 된다. 여러 가지 이상 가운데 암화의 제1 특성 '끝없이 늘어나는' 성질이 세포에 나타나도 이상하지 않다.

세포가 잘 증식하기 위해서는 여러 가지 증식인자가 필요하나, 지금

알고 있는 대부분의 것은 G_1기에 작용한다. 따라서 G_1기에 작용하는 증식인자와 구별하기 위해서 이쪽을 증식인자 2형이라 고 부르기로 한다 (그림 4-9). 이 2형으로 분류되는 것 중에는 핵 내 염색체의 DNA에 직접 부착해서 DNA나 RNA의 합성자 중의 몇 가지는 이러한 증식용 단백분자(그림 4-8의 핵 내의 반점 기호)를 생산한다.

암유전자의 발견은 유전자공학적 수법[13]의 진보에 의해서 처음으로 가능하게 되었다. 그래서 그 성과는 여러 가지 증식인자의 발견과 세포의 훌륭한 환경적응 능력의 해명에 큰 공헌을 하고 있다. 이 방면의 연구 진보에 의해서 암화의 촉진 인자는 그 대부분이 세포 증식과 분화 기구에 작용하고 있는 물질이라는 것이 알려졌다.

5. 암억제유전자[6, 8]

최근의 암 연구에서 주목할 만한 발견은 초파리의 열성암돌연변이의 강한 발암력[14]으로부터 예측되고 있는 대로 사람에서도 유사한 강력한 발암력을 가진 열성돌연변이가 동형접합형으로서 차례차례로 발견된 것이다. 이들의 유전자군을 암억제유전자라고 한다. 이 암 변이는 억제유전자의 기능 상실이나 이상화에 유래한다. 최초의 암억제유전자는 다음과 같이 하여 발견되었다.

망막아(網膜芽)종양이라고 하는 것은 1~2세의 유아에 잘 발생하는 눈의 종양으로 망막의 배아에 이상증식의 결절(結節)로서 나타난다. 두 눈에 나타나는 것의 대부분은 우성 유전병의 특성을 나 타낸다. 그중에 제

13염색체의 일부가 결손한 염색체를 가진 예가 발견되었다.[13] 결실(缺失)을 가진 염색체를 한쪽 부모로부터 받아도 또 한 쪽 부모로부터의 정상 염색체의 발암 억제력 덕분으로 거의 대부분의 세포는 정상이다. 그러나 망막 유아(幼芽)의 발생 도중에 정상 염색체의 발암 억제력이 없어지게 된 세포가 발생하면 그 '돌연변이를 일으킨 세포'는 증식력이 강하기 때문에 망막이 생겨도 증식을 멈추지 않고 동족 번식을 계속하여 드디어 종양이 된다.

성세포의 돌연변이에 대해서는 그림 2-10을 사용하여 쥐의 실험으로 설명했다. 이 그림을 참고로 하면서 이야기를 진행하자. 병든 새끼는 발암성의 망막아종유전자(rb라고 약기)와 그것에 대응하는 정상유전자(Rb라고 약기)를 갖는다. 이것은 그림 2-10의 염색체 그림에서 B를 Rb로, b를 rb로 바꿔서 생각하면 된다. 그래서 이 환자는 이형접합체라고 부를 수 있으며 기호로 Rb/rb라고 쓰면 편리하다는 것도 생각해 주기 바란다 (그림 2-10 참조). 쥐의 실험 때는 이형접합체의 새끼는 정상유전자가 주제넘게 나서서 열성의 갈색 유전자의 특성이 표현되는 것을 억제하기 때문에 외견은 정상 쥐와 같은 털색을 하고 있다고 기술했다. 이것은 Rb/rb의 경우에서도 같고 다른 것은, 지금은 망막을 형성하고 있는 세포의 하나하나에 대해서 생각하고 있는 중이다. 그렇게 하면, 쥐의 성세포일 때 10만 개에 1개 정도의 비율로 정상 유전자에 돌연변이가 일어나(그림 2-10의 B*유전자) 갈색쥐가 생긴 것에 대응해서 Rb 유전자가 망막아(網膜芽)세포에 10만 개에 1개 정도의 비율로 돌연변이가 일어나도 이상한 일은 아니다. 이것은 발암력을 가지는 세포 출현의 한 짜임새이다.

최근, 망막아종의 세포로부터 DNA를 추출해서 Rb 유전자 주변의 염기배열의 이상을 자세히 조사하는 연구가 발달했다. 그 결과에 의하면, Rb 유전자 대신에 rb 유전자가 교체하기 때문에 암세포가 발생하는 예가 많이 발견되었다. 그림 4-10에 rb와 같은 결실 유전자의 이형접합세포〔그림의 (i)〕로부터 유전자의 재조합에 의해서 결실유전자(그림의 ■)의 염색체를 가진 동형접합으로 세포〔그림(iv)의 a〕가 분리되는 메커니즘을 보였다. 상동(相同)염색체는 G_2기에 서로 접근하면, 염색분체(分體)의 부분적 교환을 때때로 행한다고 생각되고 있다〔그림의 (ii)는 그 도중〕. 이 뒤에 M기가 되면 2개의 결합한 염색분체는 끊어져 나가 4개의 염색체로 되고 딸세포로 균등하게 분배된다(그림 3-13 참조). 따라서, 염색분체의 재조합이 일어나면 결실유전자의 동형접합세포가 발생해서 열성암유전자에 유래하는 암세포가 탄생하게 된다.

rb 유전자의 동형접합(rb/rb)세포는 암세포로 되고, Rb 유전자와 rb 유전자를 가지는 이형접합(Rb/rb)세포는 정상이다. 따라서, Rb 유전자는 발암억제인자를 만들고 있는 것으로 된다. 정상인 망막의 배아세포군은 성숙기에 가까워지면 분열증식의 세계로부터 정지의 세계(G_0기, 그림 4-9)로 옮겨져서 망막의 기능완성에 필요한 일을 분담하고, 그것에 전념한다. G_0기에 안주하기 위해서는 그림 4-9에서 표시한 정지인자를 생산해야 한다. Rb 유전자가 정지인자의 생산에 중요한 역할을 하고 있다고 생각하면 지금까지 기술한 것은 잘 설명된다.

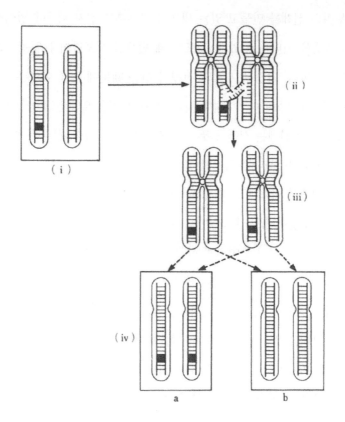

그림 4-10 ┃ 결실염색체와 정상염색체를 가진 이형접합세포로부터, 염색분체의 재조합에 의
해서 결실염색체의 동형접합세포가 발생하는 양상을 표시한다.

ⅰ) DNA에 결실(검은 4각 부분)이 있는 염색체와 정상인 염색체를 1개씩 가진 가상적 세포(G_1
기 : 실제 이 시기의 염색체는 현미경으로 보이지 않는다)

ⅱ) G_2기에 있어서 염색분체의 DNA의 재조합 도중의 그림.

ⅲ) 염색분체의 재조합 완료 점선의 화살표는 다음의 단계에서 2개의 딸세포에 어떻게 염색체
의 분배가 일어나는가를 표시한다. 도시하지 않은 또 하나의 가능한 분배방식은 (ⅰ)의 세포를
생기게 한다.

ⅳ) 결실염색체를 2개 가지는 세포(a)의 출현.

우리의 신체를 만들고 있는 세포의 대부분은 정지 세계에 있어서 오로지 명령을 기다리고 있다. 필요할 때 필요한 세포만이 분열·증식의 세계로 이동한다. 그것은 개체의 전체적 기능 때문에 절대 이타주의의 규칙에 따라서 행동한다. 이 절대 이타주의에 모반을 일으킨 것이 암세포이다. 모반의 조건에는 적어도 두 가지를 생각할 수 있다. 하나는 증식인자의 과잉이고, 또 하나는 정지인자의 결핍이다. 전자는 우성돌연변이(그림 4-8 참조)에서 일어나고, 후자는 망막아종양 기타의 예로 보아서 열성돌연변이에서 일어나는 것이 일반적이다.

　인체에 방사선이 쪼여지면 신체 도처의 세포에 발암성의 돌연변이가 발생할 것이다. 그러나 그 대부분은 세포를 암화할 염려는 없다. 발암성의 망막 아종유전자를 가지고 태어난 환자에서는 신체 중의 세포가 암유전자를 가지고 있어서 염색체 재조합에 의한 동형접합의 '발암성세포'가 도처에서 발생하고 있기 때문이다. 망막아의 발생기에 생긴 '발암성 세포'만이 실제로 종양을 만들기까지 동족번식을 한다. 그러나 만일 열성발암유전자(앞에서의 rb 유전자는 그 하나의 예)를 신체 중에 가지고 있으면 피폭에 의해서 개체 세포에서의 염색체 재조합은 높은 빈도로 일어나므로 '발암성 세포'가 다수 발생한다고 생각해야 한다. 실제 초파리를 써서 실험해 보면, 이 종류의 염색체 재조합은 X선으로 잘 일어나서, 비고속 중성자에서는 더욱 잘 일어난다. 방사선 발암에서는 염색체의 재조합에 의해서 일어나는 돌연변이를 중시하지 않으면 안 되게 되었다. 사실, 망막아종유전자를 가진 사람에서 방사선 치료를 받은 사람에게 나중에 골육종 등이 많이 발생한다.

  암화의 주역은 암억제유전자의 돌연변이이다. 실제, 유전자 클로닝
(gene cloning) 기술이 급속히 진보한 결과, 암억제유전자가 차례차례로
발견되었다. 예를 들면, 폐암이나 대장암 발병에서는 표적세포에 차례차
례로 다른 종류의 암 돌연변이(주로, 억제유전자의 결손이거나 그 DNA
의 재배열)가 축적됨에 따라 세포가 악성 암 특성을 가지는 방향으로 진
행하여 약 10만 개의 변이가 축적해서 비로소 악성의 암 특성을 나타낸
다(그림 4-6 참조)고 하고 있다.[8]

5장

생물의 진화와 환경에의 적응

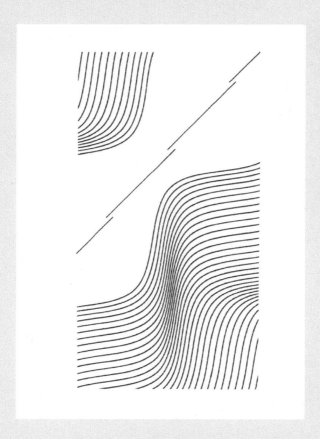

*

'사람은 가장 열등한 자에게도 동정심을 가지고, 타인뿐만 아니라 최하등 생물에도 자비심을 주고, 태양계의 운행과 구조를 해명하는 신에 가까운 지능을 가지는 등, 많은 고귀한 성질과 위대한 능력을 가지고 있다. 그럼에도 불구하고 그 육체에는 하등생물의 유래인 것을 나타내는 지울 수 없는 각인이 존재하는 것을 인정하지 않을 수 없다.'

이것은 다윈의 말이다. 다윈의 진화론에서는 사람을 포함해서 지구상의 생물은 그 선조를 거슬러 올라가면 같은 원조에 다다르게 된다. 이 공통조상설이 올바르다는 것은 다윈의 생각도 미치지 못한 분자생물학의 진보에 의해서 의문의 여지없이 확실하게 되었다.

인간의 일생은 기껏해야 100년에 지나지 않는다. 인간의 선조가 지구상에 탄생한 것은 500만 년 전이다. 그래도 지구상에 최초의 생명이 탄생한 40억 년 전에 비하면 바로 조금 전의 일이다. 잠시 눈앞의 일을 잊고 40억 년의 진화 도중에서 우리의 선조가 지구환경의 수라장을 어떻게 꾸준히 살아왔는가를 알아보자.

1. 40억 년의 진화와 환경의 변화[1, 2, 3, 서장 5]

지구 생물의 원조가 탄생한 것은 약 30억 년 전이다. 지구의 탄생이 46억 년 전으로, 우주의 시작은 약 200억 년 전이라고 일컬어지고 있다.

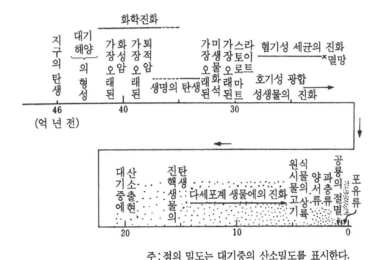

그림 5-1 | 생명의 탄생으로부터 포유류 출현까지의 연표

우주 탄생으로부터 20세기까지를 1년의 달력으로 비유하면, 최초의 인류 출현은 섣달그믐날 밤 9시가 되고, 과학 시대의 시작은 제야의 최후의 종소리가 울리고 나서 부터이다.

지구 생물의 원조가 된 세균이 원시해(原始海)에서 탄생했을 무렵, 지구 표면은 지금보다 수천 배 강한 태양자외선의 폭풍에 덮여 있었다. 원시세균은 이 강렬한 자외선의 수라장에서 십수억 년이라는 아찔하게 긴 세월 동안, 사투를 되풀이해야 했다. 자외선의 폭풍은 20억 년 전 무렵부

172

터 조금씩 가라앉기 시작하여 수억 년 전에 겨우 현재와 가까워졌다. 자외선의 폭풍을 가라앉힌 것은 산소이다. 원시 대기 중에는 유리산소는 없었다. 20억 년 전부터 대기 중에 유리산소가 출현하여 조금씩 늘어났다(그림 5-1). 광합성 세균이 얕은 바다에 탄생해서(그림 5-1) 그로부터 진화한 생물이 차츰 번영했기 때문이다. 광합성 생물이 유리산소를 방출한다. 대기 상층의 산소는 자외선 작용을 받아 오존이 된다. 오존층이 생기자 그것이 태양자외선을 흡수한다.

산소는 원시세균(그림 5-1의 혐기성 세균)에 대해서는 맹렬한 독기(毒氣)였다. 십수억 년간의 사투 끝에 산소 내성을 획득하여 급속히 무리를 불렸다. 그중에서 산소의 강한 화학 반응력을 대사 활성의 근원으로 이용하는 능력을 가진 것이 나타나서 대진화를 이룩하였다. 이들의 자손 중에서 다른 능력을 가진 세균을 기생시켜 복잡한 공서생활을 영위하는 생물이 나타났다.[3] 이것은 비약적 대진화라고 말해야 한다. 이렇게 해서 현재의 다세포계 생물의 원조가 나타났다(그림 5-1 진핵생물의 탄생).

고생대(6억~2억 3,000만 년 전) 초의 캄브리아기(6억~5억 년 전)에는 갑자기 형태가 복잡한 생물이 늘어나, 절지동물의 선두를 끊고 삼엽충이 얕은 바다에 번영했다. 그 무렵의 지구는 곤드와나 대륙, 동아시아, 북아메리카, 유럽의 4대륙으로 분리하여, 대륙 주변에는 얕은 바다가 넓어졌다. 얕은 바다는 해생동물의 대진화에 절호의 환경을 주었다. 4억 년 전에는 어류가 탄생하고 고등식물이 상륙했다. 석탄기가 되자 거대 양치식물이 도처에 크게 무성하여(그림 5-3) 육지의 녹화를 시작했다. 그 바로 뒤, 기다린 듯이 곤충이 육상에서 대진화를 시작했다.

고생대 말기가 되자, 대륙은 하나로 융합해서 초대륙 판게아를 형성하고, 해면은 저하해서 얕은 바다가 축소되고(그림 5-2) 생물은 큰 타격을 받았다. 어류로부터 진화하고 있던 양서류도 대부분 멸망했다. 이 환경변화를 기다린 듯이 양서류로부터 진화해서 육상 생활을 할 수 있게 된 파충류의 선조는 새 환경에 적응해서 대진화를 시작했다. 이렇게 해서 중생대(2억 3,000만 년~6,500만 년 전)는 파충류 시대라고 일컬어지게 되었다.

식물 쪽에서는 양치류 식물을 대신하여 거대한 겉씨식물이 크게 번성했다(그림 5-3). 그러나 백악기가 되면 소형의 속씨식물이 폭발적으로 대진화를 이룩하여(그림 5-3) 여러 가지 지구환경을 푸르게 하였다.

중생대 끝이 가까워지자 판게아 대륙은 분열하여 거의 현재의 6대륙에 가까운 형으로 되었다(그림 5-2). 그것에 더해서, 그때까지 북상 경향에 있던 대륙은 더 북상하여[그림 5-2의 (A)와 (B)의 적도의 위치 참조] 기후가 온화하게 되고, 해면이 상승해서 대륙의 광역이 해면 아래로 침몰했다(그림 5-2B). 그리하여 공룡이 전멸했다.

신생대(6,500만 년 전으로부터 현재까지)가 시작하자, 그때까지 움츠리고 있던 포유류의 선조가 공룡이 없어진 공지에 진출하여 대진화를 시작했다. 신생대는 포유류 시대라고 할 정도로 다종다양 한 형태의 포유류가 지구의 구석구석까지 살게 되었다. 이 대진화의 성공 뒤에는 속씨식물이 포유류 이상으로 다채로운 진화를 해서, 녹색의 지구환경을 만들어 준

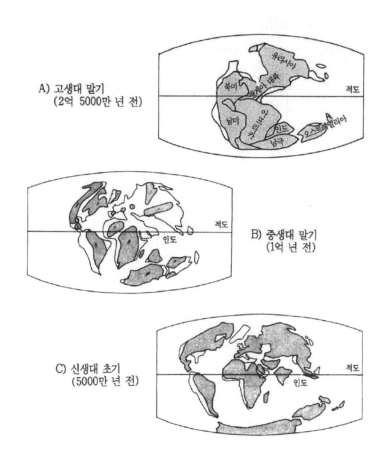

A) 고생대 말기
(2억 5000만 년 전)

적도

유라시아

북미

곤드와이 대륙

남미

곤드와나

인도

남극

오스트레일리아

B) 중생대 말기
(1억 년 전)

적도

인도

C) 신생대 초기
(5000만 년 전)

적도

인도

주 : 담흑색부는 육지를 표시

그림 5-2 | 고생대로부터 신생대까지 대륙의 이동. 대륙의 북상경향, 초대륙의 형성과 분리, 해면의 상승(온난기의 빙결해제)와 하강(한랭기의 해수빙)에 따르는 바다의 육지에의 진행과 퇴행.

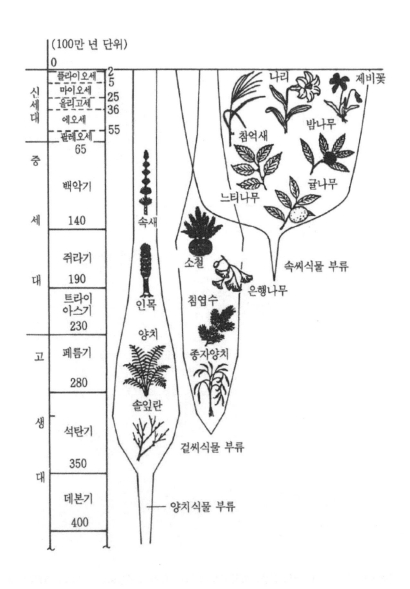

(100만 년 단위)

신생대	플라이오세	2
		5
	마이오세	25
	올리고세	36
	에오세	55
	팔레오세	
중생대		65
	백악기	
		140
	쥐라기	
		190
	트라이아스기	230
고생대	페름기	280
	석탄기	350
	데본기	400

나리 제비꽃

참억새 밤나무

느티나무 귤나무

속씨식물 부류

속새

소철 은행나무

인목 침엽수

양치 종자양치

솔잎란

겉씨식물 부류

양치식물 부류

그림 5-3 │ 고등식물의 진화와 쇠퇴 및 지구환경의 시대변화

176

		(100만 년 단위)	남미·북미의 육상연결 북반구에 대빙하 시대
신생대	플라이오세 마이오세 올리고세 에오세 팔레오세	2 5 25 36 55	대륙의 북상 계속, 기후는 한랭화로 향해 가서 대빙하 시대의 전단계로 들어간다 ; 히말라야, 알프스의 조산.
중생대	백악기	65 140	초대륙은 6부로 분열하여 대서양 탄생, 대륙의 광역이 해수의 침공을 받아 해면 아래로 침몰한다(그림 Ⅴ-2B 참조) ; 기후는 온화하게 된다.
	쥐라기	190	대륙의 북상계속, 기후 변화가 온화의 방향으로 바뀐다. 초대륙은 로라시아와 곤드와나로 분열, 인도 이탈.
	트라이아스기	230	대륙의 북상속행 ; 고온건조화 뚜렷, 사막화 시작 ; 거대침엽수, 야자나무, 소철 번성함.
고생대	페름기	280	초대륙 광게아 형성 ; 대륙북상 계속, 북미·남유럽은 적도를 넘는다. 건조고온의 경향 ; 아프리카도 건조하여 고온화 개시 ; 남극의 빙하 서서히 사라짐.
	석탄기	350	곤드와나는 서서히 북상하나, 그 남극은 대빙하 시대 ; 전체로 온난고습 ; 다우아열대역(북미, 남유럽, 아시아)에 고속증식성의 거대양식물류 번성하고, 그 화석은 석탄층 형성
	데본기	400	대륙은 전체로서 아주 남반구 쪽에 존재 ; 무서운 곤드와나, 유라메니카, 아시아의 3부로 분리

것을 잊으면 안 된다. 속씨식물이 없어지면 포유류는 곧 멸망하고 말 것이다. 삼림은 인간에 있어서 둘도 없는 귀중한 환경이다.

2. 영원한 생명^(서장 5)

40억 년 전에 탄생한 원시세균의 자손은 중단 없이 생명을 다음 세대로 전해 왔다. 40억 년의 생명 계승의 작업에 등장한 수많은 개체는 아주 조금씩 개조된 유전자를 만들어 자신의 새끼에게 넘겼다. 작은 개조가 쌓이고 쌓여서 현재의 다종다양한 생물로 자연확대했다. 그림 5-4는 이 40억 년 진화의 드라마를 인간중심으로 생각해서 만화풍으로 나타낸 것이다.

세균과 사람이 친척이라는 것은 다음과 같이 해서 증명되었다. 우선 세균으로부터 사람까지 모든 생물에 공통으로 존재하는 '것'을 찾는다. 그 하나가 5S-RNA라고 하는 리보핵산의 분자이다. 이 분자는 116개부터 120개(생물종에 따라 변동)의 염기로 되어 있다(그림 5-5B). 여러 가지 생물로부터 이 분자를 꺼내서 그 염기배열을 정하고, 모양을 그려 본다(그림 5-5B에 사람의 5S-RNA의 예를 보인다). 다른 생물종의 5S-RNA를 비교해서 몇 개소에서 염기에 차이가 있는가 그 수를 조사한다.

자연돌연변이는 때때로 염기쌍치환 돌연변이로 일어난다(그림 3-17B). 이러한 자연돌연변이는 진화에 요한 시간이 길수록 많이 일어난다고 생각된다. 따라서, 두 생물종의 5S-RNA의 염기 수 차이는 많아질 것이 당연하다. 즉 두 생물의 5S-RNA의 염기 수 차이는 서로가 분기하고 나서부터의 연수에 비례한다. 이렇게 해서 (전문적으로는 세세한 보정이 필

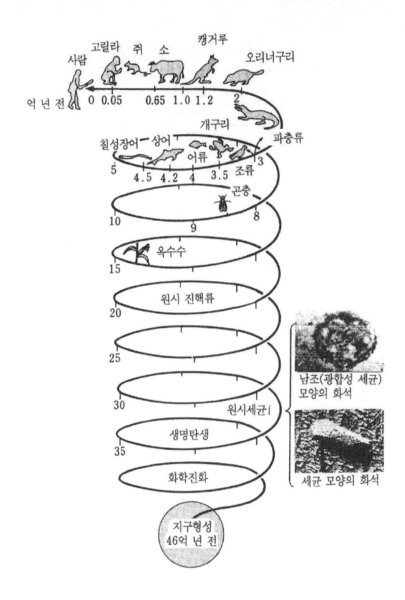

그림 5-4 | 세균으로부터 사람으로의 진화

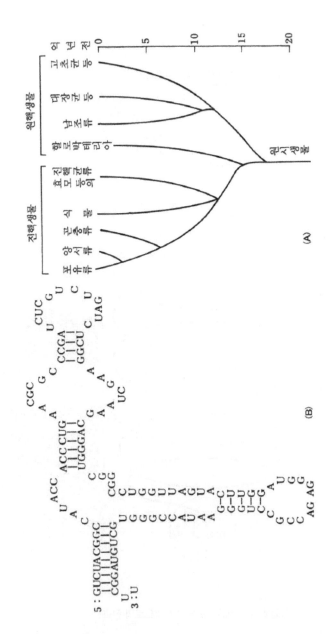

그림 5-5 | 5-5 5S-RNA의 염기배열의 상호비교에 기초해서 추정한 진생물계의 진화의 계통수(A)와 사람의 5S-RAN의 2차구조의 모형(B)

180

요) 그림 5-5A의 계통수(樹)가 만들어졌다.[5]

헤모글로빈, 시토크롬 시 등 많은 단백 분자의 아미노산 배열을 생물 종 사이에서 비교하여 분자 수준에서 생물의 진화를 연구하는 분자 진화학[6]이라고 하는 새로운 학문이 탄생했다. 분자 수준에서 추정된 생물진화의 계통수는 동식물의 화석에 기초해서 제창되어 있던 고전적인 진화의 계통수와 잘 일치할 뿐만 아니라 미생물도 포함한 전 생물의 진화를 한줄기로 종합하는 장대한 것이다. 따라서, 지구상에 현존하는 모든 생물은 세균도 식물도 동물도 모두 친척이라는 것은 의심의 여지가 없게 되었다. 바꾸어 말하면, 지구가 탄생해서 잠시 후 탄생한 원시적인 생물은 조금씩 변화하면서 끊임없이 생명을 자손에 전달하여 40억 년 살아와서 현재에 이르게 된 것이다. 그래서 앞으로도 지구가 있는 한 계속 살아갈 것이다. 이것은 영원한 생명의 모습이다. 개체의 생명은 약하게 보이나 생물의 집단으로서의 생명력은 대단히 강하다. 헤모글로빈, 시토크롬 시 등 많은 단백 분자의 아미노산 배열을 생물종 사이에서 비교하여 분자 수준에서 생물의 진화를 연구하는 분자 진화학[6]이라고 하는 새로운 학문이 탄생했다. 분자 수준에서 추정된 생물진화의 계통수는 동식물의 화석에 기초해서 제창되어 있던 고전적인 진화의 계통수와 잘 일치할 뿐만 아니라 미생물도 포함한 전 생물의 진화를 한줄기로 종합하는 장대한 것이다. 따라서, 지구상에 현존하는 모든 생물은 세균도 식물도 동물도 모두 친척이라는 것은 의심의 여지가 없게 되었다. 바꾸어 말하면, 지구가 탄생해서 잠시 후 탄생한 원시적인 생물은 조금씩 변화하면서 끊임없이 생명을 자손에 전달하여 40억 년 살아와서 현재에 이르게 된 것이다. 그래서 앞으로도 지구가 있는 한 계속 살아갈 것이다. 이것은 영원한 생명의 모습이다. 개체의 생명은 약하게 보이나 생물의 집단으로서의 생명력은 대단히 강하다.

3. 유전자와 세포 수준의 적응 반응(서장 5)

최초의 생명이 지구상에 탄생한 시기의 대기에는 유리산소가 없었다. 그 때문에 지상의 태양자외선은 현재보다 수천 배 강했다. 따라서 생존경쟁에 이겨 지구 생물의 원조가 된 원시세균(그림 5-1과 5-4 참조)은 자외선에 강한 저항력을 획득했었음이 틀림없다. 사실, 그 자손인 현생의 생물은 세균으로부터 사람까지 거의 가 자외선 저항력을 가지고 있다.

이 생각을 적극적으로 지지하는 증거가 최근의 바이오 첨단 기술의 진보로 다음과 같은 형태로 얻어지기 시작했다. 대장균은 uvrA 라고 하는 수복 유전자를 가지고 있다. 이 유전자의 분자구조(DNA의 염기배열)와 이것에 의해서 만들어지는 단백 분자의 구조, 그리고 수복기능을 알게 되었다.[6-14] 놀랍게도, uvrA 단백 분자와 아주 비슷한 분자를 생산하는 유전자가 대장균과는 동떨어진 종류의 세균[7, 6-14] 또는 사람 등[8]의 수복 유전자 중에서 발견되었다. 이 사실로부터 다음과 같은 생물진화의 역사가 떠오른다. '세균으로부터 사람까지 현존하는 지구 생물은 그 선조를 거슬러 올라가면 공통의 원조에 이른다. 이 원조의 원시생물은 태고 시대에 uvrA유전자를 획득해서 그것을 사용하여 자외선의 폭풍 속에서 용감하게 생활하였다. 이 수복 유전자는 그 후 약 30억 년간의 생물 대진화의 과정에서 끊어지는 일 없이 자손에게 계승되어, 그 계승의 약 30억 년간 태양자외선에 의한 DNA 손상 수복을 위해서 쉬지 않고 계속 활동하여 현재에 이르렀다.' 이렇게 생각하는 이유는 활동을 그친 유전자는 돌연변이에 의해서 그 분자구조가 깜박하는 사이에 변하기 때문이다. 즉 태양자외선은 태고로부터 현재까지 생물의 생존을 위협하는 환경 독성이었다고 하는 것이 증명되었다.

자외선 손상에 대한 저항력(자연치유력)을 유지하기 위해서 활동 하고 있는 유전자는 다음과 같이 해서 발견된다. 변이원 물질로 세포를 처리하여 돌연변이를 일으키게 한다. 그중에서 자외선에 약한 것을 찾는다. 약한 원인이 되어 있는 유전자를 알아낸다. 그 유전자는 자외선손상을 수복하는 유전자로 수복력이 없어진 것이다. 사람의 수복 유전자는 유전병을 가진 사람의 세포에서 발견된다(4장 2절). 현재, 자외선 손상에 대한 수복 유전자는 대장균, 효모균, 초파리, 쥐, 햄스터, 사람 등에서 각각 십수 개로부터 수십 개 발견되어 있다.[7, 8]

유전병을 가진 사람의 세포를 얻어서 보통 사람의 세포와 비교한다. 양자의 세포 특성의 차이로부터 당연하다고 생각하고 있는 우리 신체의 기능이 유전자의 믿어지지 않는 훌륭한 작용에 의한 것임을 가까스로 알 수 있다. 현재까지(1990년) 4,937종의 결함 유전자가 보고되어 있다. 거의 모든 사람이 자신이나 자신의 주위에 유전병을 거느리고 있다.[9] 유전병은 개인의 문제일 뿐 아니라, 자손을 포함해서 모두의 문제이다. 이 문

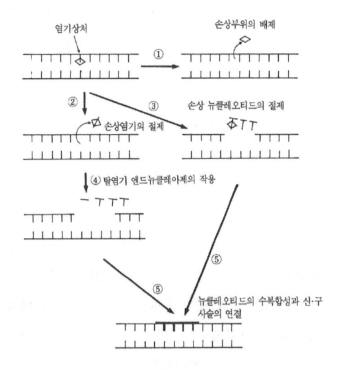

그림 5-6 ｜ 유전자 자연치유의 하나 '제거수복' 짜임새.

제거경로①: 손상의 부분만이 배제되어 정상염기로 복원.

제거경로②: 손상(또는 이상)염기와 당(그림 3-17B)의 사이에 절단을 넣는 수복 단백 분자(N글리코시라아제)의 작용으로, 손상염기가 절취된다.

제거경로③: 손상 염기를 포함하는 뉴클레오티드(염기와 당과 인산의 결합한 DNA의 기본단위)와 그 후의 수뉴클레오티드가 수복단백분자(엔도뉴클레아제)로 끊어진다.

④ 사슬 절단과정: 염기가 없어진 부분으로 금을 넣어 수 뉴클레오티드를 절취한다. 이때 작용하는 수복 단백 분자를 AP엔도뉴클레아제라고 한다.

⑤ 수복합성과 연결: 구멍의 사이 DNA의 부분을 상대의 정상 사슬을 주형으로해서 DNA를 합성해서(DNA 폴리메라제의 작용)메우고, 신·구 사슬을 연결[DNA연종결(連終結) 효소의 작용]해서 수복 완료. 굵은 선은 수복 부분을 의미한다.

부표 : 제거경로 ①, ②, ③에 의해서 제거되는 염기손상의 대표적 예를 표시한다.

제거경로	염기손상명	손상의 원인	참조
①	O^6-메틸구아닌 O^6-에틸구아닌	메틸화제 에틸화제	
②	5-히드록시메틸우라실 티민글리콜 우라실 [a] 3-메틸아데닌 [b]	산소 산소 자연발생 메틸화제	그림 Ⅲ-20 동상
③	푸린 부가체 피리미딘 2량체	벤조피렌 4-니트로키놀린 1-옥시드 자외선	그림 Ⅳ-4 동상 그림 Ⅲ-17

a) 티민(그림 3-15B)의 메틸기 (CH_3)가 수소기(H)로 바뀐 것.
b) 아데닌3의 위치(그림 3-17B와 D)로 메틸기(CH_3)가 부가한 것.

제에 대해서 일본인의 생각은 몹시 뒤져 있다. 자신의 결점을 직시하지 않는 겁이 많은 성질은 경제 대국으로 되었기 때문에 전쟁 전보다도 심하게 된 것 같다.

이야기를 원래로 되돌리자. DNA에 손상을 입히는 작용원은 자외선,

열, X선, 화학물질 등 무수히 많다.

　　DNA 수복 경로는 여러 가지 있는데다가 몇 단 구조로 되어 있다. 예를 들면, 대장균의 DNA 수복은 제거수복(그림 3-19)과 복제 후 수복(DNA 복제 후에 작용하는 수복)의 2단 구조로 되어 있다. 복제 후 수복의 하나의 짜임새는 그림 3-20B의 (ⅰ)에 물결 대신에 묵은 사슬의 단편을 이식해서 부분적으로 복제 전의 형태로 완전 치유하는 짜임새(재조합 수복)가 있다. 효모균의 DNA 수복은 더욱 진화해 있어서 3단 구조로 되어 있다. 파리나 사람의 DNA 수복도 3단 구조(또는 더욱 고차의 구조)로 되어 있다.

　　이 장 1절에서도 언급한 것 같이 환경 속의 위험물 중에서 가장 독성이 강한 것은 산소이다. 세포는 산화방위를 위해서 다음과 같은 효소를 만들고 있다.[10] 슈퍼옥티사이드 디스무타아제, 글루타티온 파옥시타아제, 글루타티온 트랜스페라아제, DT데이아포라아제. 게다가 식물 중의 다음 저분자물질은 산화방위에 유용하다. 비타민E, 카로틴, 셀레늄, 글루타티온, 비타민C, 요산. 이와 같이 다양한 방위기능이 있어도 대사 과정에서 발생하는 활성산소가 새서 DNA를 공격하여 티민글리콜이라든지 5히드록시메틸우라실(그림 3-21)이 생긴다. 이 손상 입은 티민염기 2종에 대해서 각각을 당(糖)의 기초가 되는 부분으로부터 잘라내는 2종류의 DNA 글리코시라아제가 사람의 세포에서 발견되었다[10](그림 5-6의 표 참조).

　　발암제인 벤조피렌이나 4니트로키놀린1옥시드(그림 4-4)는 구아닌이나 아데닌에 붙어 푸린 부가체를 만든다. 이것은 메틸기의 부착보다 큰 상처가 된다. 큰 상처 입은 염기를 잘라낼 때, 당과 인산의 결합점까지 깊이 벤다. 이것은 제거경로 ③(그림 5-6)에 보인 대로이며, 이때 작용하는 효소를 엔도뉴클레아제라고 한다. 이 경로에는 피리미딘 2량체의 제거작업(그림 3-19)에 작용하는 효소와 같은 것이 작용하기도 하고, 다른 효소가 작용하기도 한다.[7]

제거작업 ② 또는 ③의 뒤는 그림 5-6의 ④와 ⑤에 표시한 것 같이 해서 DNA 사슬의 빈 곳이 채워져 수복은 완료한다. 이 후반의 수복과정은 2량체의 제거수복(그림 3-19) 때와 공통이다.

이상은 제거수복 기구 중에서 잘 알고 있는 일부의 소개이나, 이것에 의해서 사람의 신체에는 다채로운 유전자 치유기능이 갖추어져 있는 것을 납득할 수 있었을 것이다.

환경의 위험에 대한 인체의 적응력은 유전자의 수준에서는 세균 등과 비교해서 특별히 발달해 있다고는 말할 수 없는데, 세포 수준에서는 각별히 발달해 있다. 예를 들면, 유전자의 상처를 고치지 못하는 신체 세포는 자폭해서 상처가 없는 무리가 늘어나 그 자리를 메꾼다. 여기서는 더 적극적으로 환경의 위험에 적응하기 위한 기능에 주목해 보자. 가장 잘 알려져 있는 것은 면역[11]—역병으로부터 벗어나는 저항력—이다. 보통 세균이 체내에 침입해 오면 침입점에 다핵(多核) 백혈구, 대식(大食)세포, 보체(補體) 등이 동원되어 방위에 임한다. 함상 작용하고 있는 면역에 걸리지 않도록 '진화'한 바이러스나 세균은 인체 내에 깊이 침입한다. 그렇게 하면, 약 일주일 후에는 침입자를 특이적으로 공격하는 단백—면역 글로불린—이 체내에서 생산되게 된다. 이것은 침입자와 그 동류만을 공격하므로 그 저항력은 각별히 강하다. 이 획득(적응)면역은 다음과 같은 방법으로 체내에서 만들어진다.[11] 성인의 체내에는 수백만 종의 다른 면역 글로불린을 생산하는 데 충분한 많은 종류의 림프구가 늘 존재한다. 그러므로 어떠한 침입자가 와도 그것을 포착하는 글로불린만을 생산하는 특별한 세포를 찾아내서 골라낼 수가 있다. 골라낸 세포는 그때까지의 정지한 세계로부터 증식의 세계로 불러낸다(그림 4-9). 그렇게 하면, 세포는 분열을 반복하면서 다시 태어나서 동족 번식을 계속하여 최후로는 침입자 공격용의 특수 글로불린의 생산을 전업으로 하는 다수의 세포로 된다. 이렇게 해서, 침입자와 그의 동류에 대해서 강력하고 특별한 방위 체제가 만들어진다.

태양자외선의 위협은 환경의 영향 중에 최고로 위험한 것의 하나이다. 따라서, 열대지방 주민의 피부색은 검다. 검은 살갗은 태양자외선이 표피층 내에 침입하는 것을 막는 데 유용하게 작용하고 있다. 그러나 높은 위도에 사는 사람의 살갗은 투명하다. 고위도 지대에는 태양자외선이 약해서 살갗이 검으면 자외선이 표피층 내에 도달하지 않아서 거기서 자외선으로 만들어질 비타민D가 생기지 못하게 되어 구루병(뼈의 성장장해로 배골이나 다리의 뼈가 구부러지는 병)에 걸린다.[12] 흰 살갗은 고위도에 살기 위한 적응력의 발현이다.[13] 그러나 여름이 되어 태양자외선이 강해지면, 흰 살갗에는 장해가 일어난다. 그것이 심하게 되면 피부암이 된다(4장). 강한 태양자외선을 쪼이면 일시적으로 피부가 검게 되는 것은 자외선을 막기 위한 작용이다. 이 햇볕 그슬림에 색이 검게 되는 것은 보통 사람에게는 당연한 현상이나, 이것은 대단히 중요하고 고도로 진화한 환경적응의 하나이다. 햇볕 그슬림으로 색이 검게 되는 짜임새를 생각해 보자.[12, 14]

표피 기저층의 간세포 사이에 섞여서 10개에 1개 정도의 비율로 멜라닌(검은 색소)을 만드는 세포(그림 3-11)가 발견된다. 강한 태양자외선을 쪼이면 멜라닌세포 중에서 멜라닌의 전구(前驅)물질이 멜라닌으로 변화해서 표피가 아주 조금 검게 되는데 태양자외선을 막는 데는 불충분하다. 이것과 평행하여 태양자외선의 또 하나의 작용으로 그때까지 정지한 세계에 있던 멜라닌세포를 증식의 세계로 불러낸다(그림 4-9). 세포는 분열 증식해서 다시 태어나 멜라닌의 대량생산 체제를 취한다. 생산된 멜라닌은 세포질 내에 대량생산된 미소체 중에 채워져 '검은 입자'가 많이 만들어진다. 검은 입자의 대량생산 체제와 평행해서 멜라닌세포의 막 표면으로부터 돌출해 있는 홀쭉한 돌기(그림 3-11)가 그 수와 길이와 가지 갈라지기를 증가한다. 이 소돌기 안을 '검은 입자'는 선단으로 속향해서 수송되어 소돌기가 상층의 유극(有棘) 세포(그림 3-11)에 접촉하면 '검은 입자'는 한꺼번에 그 세포 속으로 보내져서 세포를 검게 한다. 1개의 멜라닌세포는 36개의 유극세포를 관리하고 있어서 이들의 모두에게 '검은 입자'를 주입한다. 이 적응 반응이 완료되기까지 약 일주일이나 걸리는 것은 세포의 활성화(자외선의 자격에 의한 정지 상태로부터의 눈뜸)분열·분화(검은 입자의 생산과 수송)의 3단계의 작업 때문에 필요한 시간이다(적응면역도 똑같은 반응시간을 요한다). 유극세포는 약 1개월로 교대한다 (그림 3-11). 햇볕 그슬림에 의한 피부의 흑화도 2~3개월이 지나면 엷어진다.

켈트계 사람에게는 적응 반응에 의한 피부의 햇볕 그슬림의 기능이 유전적으로 결여되어 있다. 이 때문에 여름의 강한 태양자외선을 막는 힘이 약해서 노년기에는 피부암이 이상할 만큼 많이 발생한다(그림 4-2).

지금까지 말한 내용은 인체의 세포조직이 환경의 위험에 마주쳤을 때 어떻게 적응하는가를 두 가지 실례로 소개한 것이다. 사람뿐만 아니라 모든 생물은 환경의 변화에 대응해서 자기의 생활태도를 바꾸어 잘 살아간다. 이 멋진 환경적응의 능력은 현생생물의 선조가 오랜 진화 도중에서 헤아릴 수 없을 정도의 수라장을 뚫고 나와서 획득한 것을 중단됨이 없이 자손에 전해 준 유산이다. 적응력 중에서 면역에 대해서는 그 짜임새가 분자 수준으로 해명되는 시대에 들어섰다. 분자 수준으로 알려진 면역의 짜임새는 그 뛰어남이 헤아릴 수 없을 정도로 심오하다는 것을 가르쳐준다.[11] 생명의 위대함-그것은 작은 세균으로부터 사람까지 같아서 상하는 없으나-은 분자 수준에서 더욱 명백히 알 수 있게 되었다. 위대한 생명력을 자손에 남기기 위해서 위험한 수라장에서 절멸되어 버린 많은 선조의 영혼에 깊이 감사해야 한다.

4. 사람의 진화와 환경에의 적응[15]

공룡이 절멸하고 중생대가 끝나면서 신생대가 시작된다. 6,500만 년

190

전의 일이다. 공룡이 없어진 공지를 향해서 그때까지 움츠리고 있던 포유류의 선조들은 일제히 진행했다. 이윽고 각각의 환경에 적합한 형태와 능력을 가진 여러 가지 포유류로 진화했다. 하늘을 나는 박쥐, 물속을 헤엄치는 물개, 초원을 달리는 말이 되었다. 인류의 선조가 된 작은 동물은 중생대의 끝에 이미 출현하고 있던 '속씨식물이 무성한 열대의 처녀삼림'으로 진출했다.

열대삼림에서 영장류의 원조가 된 수상(樹上)생활자는 야행성의 식충류로 현생의 나무여우(그림 5-7)와 닮았다고 생각되고 있다.[16, 17] 이윽고 수상생활에 잘 적응된 과일을 좋아하는 원원(原遠)이 탄생하고, 이어서 수상생활의 최적응자 '원숭이'가 탄생했다[16](그림 5-7). 그 뒤 5,000만 년 전쯤에 남미대륙이 아프리카 대륙으로부터 분리하였으므로 원숭이는 신세계 원숭이와 구세계 원숭이로 나누어져서 진화하게 되었다(그림 5-7).

3,000만 년 전이 되자, 아프리카의 구세계 원숭이로부터 나누어져서 유인원이 탄생(그림 5-7)했다. 유인원은 2,000만 년 전쯤에는 아시아 대륙으로까지 진출해서 열대 다우림(多雨林)의 왕자가 될 정도로 번영했다. 그러나 지구의 한랭화의 경향이 갑자기 가혹하게 되어(그림 5-3 우측) 열대의 삼림이 퇴행하고 수풀과 사바나로 변했다. 삼림의 축소는 유인원에 가혹한 시련을 주었다. 1,000만 년 전 쯤에서부터 한랭화는 한층 가속하여 많은 유인원이 절멸했다. 이 무렵 살아남은 유인원으로부터 긴팔원숭이와 오랑우탄이 탄생해서(그림 5-7) 아시아로 진출했다.

마이오세 말(500만 년 전)에는 한랭화가 더욱 진행하여 삼림은 더욱

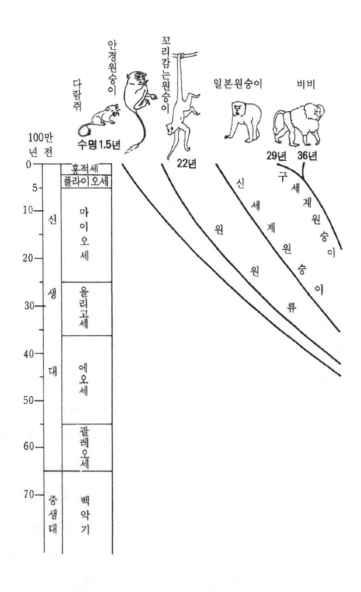

그림 5-7 | 영장류의 진화의 계통수와 수명(굵은 글자)

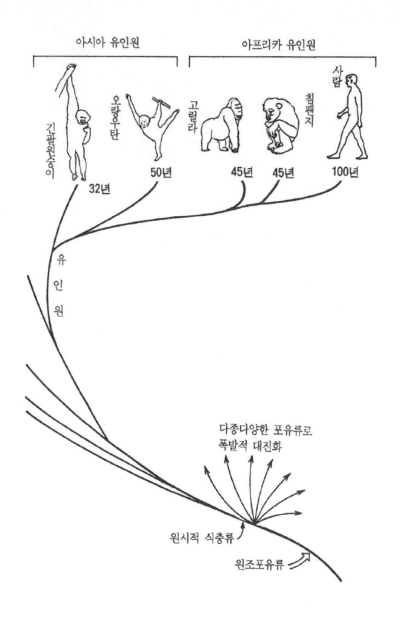

아시아 유인원 　　아프리카 유인원

긴팔원숭이

오랑우탄　　32년　　50년

고릴라　　45년

침팬지　　45년

사람　　100년

유인원

다종다양한 포유류로
폭발적 대진화

원시적 식충류

원조포유류

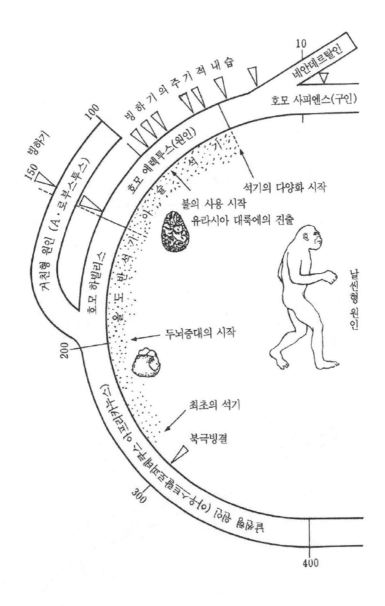

그림 5-8 | 사람의 생물적 진화와 그의 원동력으로 된 주요사건

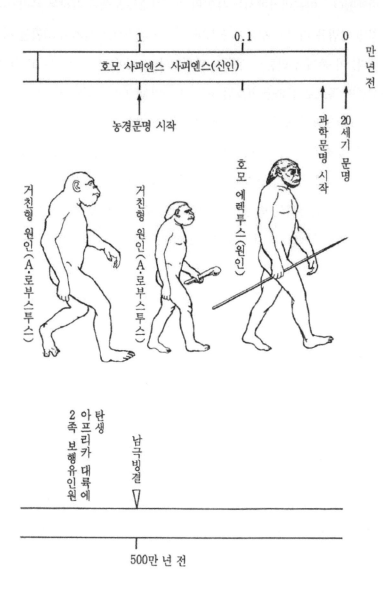

만년 전

1   0.1   0

호모 사피엔스 사피엔스(신인)

농경문명 시작

과학문명 시작

20세기 문명

호모 에렉투스(원인)

거친형 원인(A·로부스=투스)

거친형 원인(A·로부스=투스)

탄생
아프리카 대륙에
2족 보행유인원

남극빙결

500만 년 전

퇴행했다.[2] 아프리카에서는 유인원 중에서 2족 보행을 잘하는 무리가 마침내 삼림을 버리고 수풀이나 사바나의 새 환경으로 옮겨서 생활을 시작했다. 이 중에서 인류의 선조가 탄생했다. 삼림에 남은 무리는 고릴라와 침팬지 쪽으로 진화했다(그림 5-7). 지구의 한랭화가 없었다면 사람은 지금도 열대 삼림 속에서 원숭이로 있었을 것이다.

분자 수준의 진화의 연구(같은 기능의 분자를 각종 영장류의 세 포로부터 꺼내서 서로의 생화학적 비교에서 유사도가 높은 것일수록 근연이라고 하여 분류하는 방법—2장 2절 참조)로부터 사람 이 유인원에서 갈라진 것은 수백만 년 전일 것이라고 한다.[16] 분자 수준의 최근 연구에 의해서 아프리카 유인원(고릴라와 침팬지)은 오랑우탄보다도 인간 쪽으로 2배나 가까운 혈연관계에 있다는 것이 알려졌다. 놀라운 것은 최근의 연구에서 침팬지는 고릴라보다 사람에 가까운 혈연관계에 있다는 것이 알려졌다[18](그림 5-7).

생물학적으로 보면, 아프리카 유인원 중의 대수롭지 않은 변종에 불과한 인간이 어떻게 해서 지구의 구석구석까지 살 수 있을 정도로 적응력을 획득했을까. 삼림을 버리고 수풀과 사바나에 뛰어나온 유인원은 어떻게 해서 신천지에 적응했을까. 직립보행의 그들은 손을 쓰고 멀리 보면서 행동할 수가 있었다. 그것은 야수의 내습에 대비하면서 새로운 먹을 것을 넓은 지역으로부터 채집하는 것을 가능케 했다. 400만 년 전에는 오스트랄로피테쿠스 아프리카누스(날씬형 원인, 뇌용적 450㎤)가 나타났다(그림 5-8). 그들의 자손은 260만 년 전에는 간단한 석기(올도완 석기, 그림

5-8)를 만들기 시작했다.

그러나 200만 년 전이 되면 호모 하빌리스[기용형(器用型) 원인]로 바뀌었다(그림 5-8). 체중(40㎏)과 신장(1.3m)은 날씬형 원인과 같았으나 뇌가 크고(750㎤) 대량의 석기를 만들어 그것을 써서 쓰러져 있는 야수의 고기를 요리해서 식사의 메뉴에 첨가하기 시작했다. 200만 년 전에는 대형의 오스트랄로피테쿠스 로부스투스(거친형 원인)도 나타났으나 100만 년 후에는 사라졌다(그림 5-8). 기용형 원인은 50만 년 후에 더 지능이 진보된 호모 에렉투스(原人-뇌용적 900㎤)로 바뀌어졌다. 원인(原人)은 진보한 형의 아슐리안 석기(그림 5-8)를 만들기 시작했다. 100만 년 전이 되면 원인들은 유럽과 아시아에 진출해서 불의 사용법을 깨쳤다. 원인들은 20만 년 전, 호모 사피엔스(舊人)가 나타나기까지 뇌가 조금 커진 것 외에 그 형태도 제작하는 석기도 거의 변하지 않았다. 구인이 나타나자 석기가 급격히 다양화됐다.

네안데르탈인은 구인으로 많은 문화를 창조했는데 수만 년 전에 홀연히 사라졌다(그림 5-8). 호모 사피엔스 사피엔스(新人)가 나타나서 농경문명이 시작된 것은 1만 년 전이다.

직립보행과 뇌의 증대는 사람의 진화를 추진시킨 2대 원동력이다. 모체의 골반 크기에 제한되어 태어나는 아이의 뇌는 어떤 크기 이상으로 되지 않는다. 따라서, 호모 하빌리스의 뇌가 컸던 것은 그들이 어리게 태어난 아이를 오래 보육하는 능력을 몸에 익히고 있었다는 것을 의미한다. 사실, 얼마간의 육식과 임시 거처의 집을 만들 정도의 공동생활을 하고 있었다고 한다. 다음에 나타난 호모 에렉투스가 되면, 신형의 석기를 계획적으로 제작해서 수렵 생활을 시작했다.

그 양상을 현재의 아프리카 원주민의 생활 등으로부터 상상해 보자. 10가족 정도가 1단이 되어 협동으로 수렵·채집 생활을 영위한다. 성인 남자는 함께 수렵으로 나간다. 여자는 공동 생활의 기지에 남아서 아이들의 보육과 과일이나 식물성 식량의 채집을 담당한다. 유아기에 환경에 적응

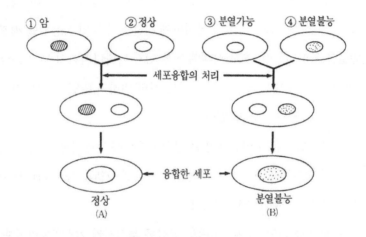

그림 5-9 | 세포의 융합에 의한 암화의 억제 (A)와 분열의 억제(B).
① 암: 암화한 세포.
② 정상: 보통의 분열능을 가진 섬유아세포.
③열가능: 보통의 분열능을 가진 세포(②와 동일).
④ 분열불능: DNA합성도 세포분열도 정지한 노화세포.

하도록 교육을 받으면 적응력은 급속히 증가한다. 호모 에렉투스는 이러한 공동생활을 통해서 체험의 지혜를 다음 세대에 전했기 때문에 급격히 적응력이 향상하여 유라시아 대륙의 각지에 진출할 정도의 활동력을 가질 수 있게 되었다고 생각된다.

유아는 호기심이 풍부하고 새 환경에의 적응력이 좋다. 과학 문명은 인간의 호기심의 최대 산물이다. 사람은 아이의 어린 모양 그대로 자라서 성적으로 성숙한다. 이것은 유형 성숙(네오테니)이라고 말하는 현상이다. 침팬지는 유아 때는 사람과 똑같은데 어른이 되면 형태가 바뀐다.

사람은 발육·성숙·노화의 속도가 전체로서 침팬지나 고릴라보다 2배 느리다. 그 때문에 사람의 수명은 유인원의 약 2배이다[19](그림 5-7 참조).

사람의 세포를 배양해서 시험관 내에서 발암시키려고 해도 거의 성공하지 못한다. 같은 것을 쥐의 배양 세포로 하면 발암시키는 것은 어렵지 않다. 즉 사람의 세포는 암에 걸리지 않기 위한 강한 저항력을 가지고 있다. 그래도 방사선을 반복해서 쪼이면 시험관 속에서 암세포의 성질을 나타내게 된다.[22] 인체에 발생한 암 조직으로부터 분리한 암세포와 정상 세포를 융합시키면 1개의 큰 세포가 된다. 그리하여, 융합한 세포는 발암력을 잃는다[19](그림 5-9). 정상의 인간세포는 암화를 억제하는 물질(4장 5절)을 많이 만들고 있다. 이 발암 억제 물질 중에는 '노화 단백질'이 있을 것이라고 나는 생각하고 있다. 이 아이디어를 생각해 낸 재미있는 사실을 다음에 소개한다.

정상의 사람세포는 오래 배양하면, 거의 예외 없이 분열능력을 잃는다.[23] 이 노화한 세포와 젊어서 한창 분열하고 있는 세포를 융합시키면 놀랍게도 젊은 세포가 가지고 있던 분열 기능이 정지한다[19](그림 5-9). 즉 '노화인자' 쪽이 '증식인자'에 이긴다.[23] 이 노화인자는 단백질이다. 그림 5-9를 상기하기 바란다. 인체를 만들고 있는 세포의 대부분은 정지의 세계에 머물러 있으나 전신적 기능 조절의 신호를 받아서 정지인자의 생산이 억제되어 증식인자(1형)가 증산되었을 때만이 분열의 세계로 옮긴다. 사람의 전신적 발육이 완만한 것은 정지인자의 생산 쪽이 왕성하고 증식인자의 생산은 완만해서 무턱대고 세포가 증식의 세계로 옮기지 않는 것을 의미한다. 사람의 세포가 좀처럼 암으로 되지 않는 것은 정지의 세계로 세포를 잡아두는 힘이 강하기 때문일 것이다. 앞에서 다룬 노화단백은 정지인자의 하나라고 나는 생각하고 있다.

쥐 등을 사용한 실험에 의하면, 필요한 만큼의 먹이를 준 개체에 비해서 배를 7분 정도 이하의 먹이를 준 개체는 수명이 늘어날 뿐만 아니라 암에도 기타 노화의 병에도 걸리기 어렵게 된다.[21] 단식할 때는 체중의 불어남이 늦어진다. 발육 속도를 완만하게 하면 노화도 암화도 그 속도가 느리게 된다고 생각해도 좋을 듯하다. 가이바라(貝原益軒)의 배를 절반 또는 7, 8분으로 먹으라는 양생훈(養生訓)[24]은 훌륭한 경험법칙이다.

사람 암의 9할은 음식물 등과 관계가 있다고 하는 역학조사의 결론은 뜻밖에도 문명인의 과식이 암의 요인이라는 것을 암시하고 있는지도 모른다. 인류는 500만 년의 진화 역사 중에서 대부분의 기간은 음식물이 불충분하여 배를 7할 이하만 채우는 생활을 할 수밖에 없었던 것이 아닌가. 거친형 원인이나 거친형 구인(그림 5-8)은 왜 멸망했는가. 진화의 역사로부터 배울 것이 많다. 문명이 진보할수록 자연환경에 대한 적응력이 퇴화해 간다. 자연 생활을 소중하게 여기고 있었던 선조의 교훈을 다시 배울 때에 와 있는 것 같다. 선(禪)과 본래의 일본문화[25]에 대해서 근대문명을 만든 서양인이 뜨거운 눈으로 바라보기 시작하고 있는 이유는 이런 데에 있다고 생각된다.

5. 호르몬과 같은 방사선의 작용—호르미시스 효과[26~29]

미량의 방사선은 생물에 대해서 해를 주지 않고 생물의 활력을 자극하는 경우가 적지 않다. 이것은 옛날부터 알려져 있던 현상이었으나 그 기구는 지금까지 알려지지 않았다. 최근, 이 현상에 대해서 호르몬과 같이 작용한다고 하는 의미로 호르미시스(hormesis)라고 하는 매력적 용어가 제창되었다. 그중에서 일부를 소개한다.

(1) 저수준방사선의 자극과 유익 효과 ; 쥐에 감마선 또는 X선 1라드(rad)를 전신에 쪼이기만 해도 골수세포가 일제히 티미딘키나제의 활성을 저하상태로 변경한다. 이 저하는 피폭 후 4시간에서 최젓값이 되고 천천히 정상으로 복귀한다. 이 저하 시기에는 세포의 방사선에 대한 저항력이 증가하고 있다. 이 불가사의한 현상은 독성 산소(이 경우는 방사선으로 생기는 OH기, 그림 3-5 참조)에 대해서 세포가 적응 반응하고 있는 것이라고 생각되고 있다.

쥐나 금붕어는 전신에 수 rad의 X선을 쪼이면 그 자극으로 방사선 저항력이 향상하는 것 같다. 왜냐하면, 이 방사선 자극을 받은 쥐는 2개월 지나서 대량 피폭했을 때, 보통의 쥐보다 의미 있는 높은 생존율을 나타내기 때문이다. 금붕어에서는 미량 방사선으로 자극을 주고 나서 6시간 후에 대량 피폭했을 때, 그 생존율이 보통의 금붕어보다 향상했다고 보고되어 있다.

(2) 미량 전처리조사(前處理照射)에 의한 염색체이상의 방호 효과 ; 사람의 말초혈(末梢血)의 세포를 시험관에 넣어서 X선으로 1rad 정도 쪼인다. 그렇게 하면, 나중에 중간 정도의 선량을 쪼였을 때 염색체이상의 발생이 상당히 억제된다. 비슷한 현상은 쥐, 햄스터, 금붕어의 배양 세포에서도 확인되어 있다. 이 방호효과의 원인은 방호유전자가 미량피폭을 알아차리고, 방호단백의 생산을 개시하기 때문인 것 같다. 이 단백은 다음에 기술하는 스트레스 단백의 무리이다.

(3) 호르미시스의 기구와 스트레스 단백 ; 이 장의 1~4절에서 기술한 것을 종합한다. '약 30억 년에 이르는 진화과정에서 생물은 다종다양한 환경의 위험을 만났다. 환경의 격변으로 생물종은 진화 도중에서 태반이 사멸했다. 그러나 드물게 위험을 방호하는 기능과 새 환경에서 생존하는 기능을 획득한 생물이 출현했다. 이러한 사건의 반복에 의해서 생물의 환경 적응력이 점차 향상해서 현재에 이르고 있다.'
방사선의 호르미시스 효과는 '생물의 환경 적응력'이 방사선의 자극으로 상승하기 때문이라는 생각이 유력하다.
생물의 환경 적응력의 실체가 분자 수준에서 알려지기 시작했다. 미생물 또는 포유류 세포는 히트쇼크를 주거나 글루코오스 결손 배지(倍地)에서 사육하면 특정한 단백군을 생산하게 된다. 이들의 단백군 중의 어떤 것은 다종다양한 스트레스 상태에 세포를 놓았을 때 공통으로 생산된다. 이들은 스트레스 단백이라고 불리고 있다.

⑷ 전선량 전신조사에 의한 면역력의 상승 ; 매일 1rad 정도를 총 선량이 수십 rad가 될 정도로 4주에 걸쳐서 쥐에 조사를 계속한다. 그렇게 되면, T세포의 면역 활성이 상승한다. 이것은 흉선의 미숙한 전구(前驅) T세포가 방사선으로 상처가 생겼을 때, 자폭해서 무상(無傷)의 전구 T세포의 증식을 자극하기 때문이라고 생각하면 설명된다. 이와 같은 생각은 세포 교대형 수복모형, 또는 '세포 자살에 의한 이타적 수복모형'이라고 불리고 있다.

⑸ 저선량 전신조사의 암 치료 효과 ; 림프구계의 악성종양 환자에 10rad 정도의 전신조사를 매주 2, 3회씩 수 주 행한다. 그 뒤에 암 부위에 방사선을 대량 조사하면 치유 효과가 상승한다. 이 새 치료법은 실제로 좋은 실적을 올리고 있다고 보고되어 있다.

⑹ 자연방사선에 의한 미생물의 증식 자극 ; 짚신벌레나 남조(藍藻)는 우주선을 차단하면 증식속도가 저하한다. 우주선으로 물속에 만들어지는 산물(아마도 OH기 등)의 미량 변동을 알아내는 센서를 이들의 단세포생물은 가지고 있는 것일 것이다.

끝맺음

저수준방사선의 호르미시스 효과의 일부를 소개했다. 방사선은 미량으로도 독성이 있다고 믿고 있는 사람이 많으나, 미량이라면 방사선은 독이 아니라는 증거가 많이 있다. 사람으로부터 미생물까지 각각 뛰어난 생명력을 가지고 있는 사실을 자신의 눈으로 보기 바란다.

6장

원자력발전 사고에 의한
방사능 공포증에 안정을

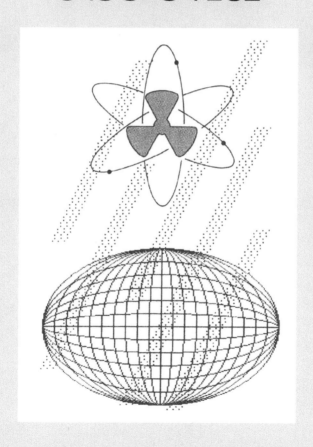

*

1. 체르노빌 방사능 오염을 둘러싼 도쿄 회의

1986년 4월 26일, 소련의 체르노빌에서 원자력 발전용의 원자로에 사고가 발생하여 사상 최악의 방사능 오염이 발생했다. 그로부터 4년 후, 도쿄(東京)의 일·소 방사선 영향 연구 강연회에서 구소련의 의학 아카데미 부총재 레오니드 이리인과 동 방사선의학 전 소련 과학센터 소장 아나토리 로마넨코는 다음과 같이 말했다. 현재도 수만의 연구자가 방사능 오염의 검사에 분주하나, 그 실태는 복잡해서 상세히 발표할 단계는 아니다. 그러나 주민의 장래 건강을 생각해서 생애 피폭량이 35렘(rem)을 넘을 염려가 있는 고방사능 오염지구의 주민은 깨끗한 지구로 소개(疏開)할 기본방침을 정했다. 광범위한 오염지구에 대해서 주민의 건강 상태를 조사했더니, 상상 이상으로 많은 사람이 여러 가지 이상 반응을 보였다. 이 이상증상의 대부분은 방사능 공포에 의한 심리적 스트레스의 누적에 의한다고 생각된다. 이상과 피폭량의 상관은 발견하지 않았다.

이리인 부총재는 '35rem 이하의 피폭은 안전'이라는 판단에 대해서 비판을 요구했다. 아무도 대답하지 않았지만, 필자는 찬성한다고 말했다. 이리인 부총재는 다음과 같은 결론을 내렸다. '과학에 국경은 없다. 과학은 암흑에 빛을 준다.' 나는 저수준방사선의 인체 영향에 대해서 자료를 모아서 연구를 시작하고 있었다. 이들의 자료가 방사선 공포의 어둠 속에 있는 사람에게 안정을 주는 힘을 가지고 있는 것에 착안하여 이 장의 집필을 결심했다.

2. 체르노빌 방사능으로 인한 공황과 매스미디어

체르노빌 사고 직후, 체르노빌에 가까운 도시 키예프에서는 임신 중의 여성에게 공황이 발생했다. 그녀들은 죽음의 재(방사성 낙진, 원폭 또는 원자로로부터 방출되는 방사성 물질의 별칭)를 덮어썼으므로 자신의 태아에 기형이 생긴다는 공포에 사로잡혔다. 그래서 키이우(키예프) 대학에 와 있던 헝가리의 유학생과 부부라고 속이고 헝가리의 수도 부다페스트로 탈출하여 방사능 오염의 의학적 검사를 받았다. 갑상선에 GM 계수관(그림 3-4)을 가까이 대니 계수관의 눈금이 크게 움직였다. 강한 감마선을 내는 죽음의 재가 갑상선에 모여 있었다. 이 죽음의 재는 방사성 아이오딘이었다. 신문, 텔레비전이 큰 뉴스거리로 보도한 죽음의 재였다. 깊은 의학적 경험과 높은 지성을 갖춘 C 교수는 "이 정도의 피폭으로는 기형의 염려는 없다"라고 말했다. 왜냐하면 방사선 피폭에 의한 기형의 발생에는 문턱값이 있다(그림 2-9). 게다가 방사성 아이오딘은 갑상선에 집중하므로 그곳의 피폭량이 높아도 태아의 피폭량은 근소하다. 그러나 탈출해 온 그녀들은 C 교수의 충고를 듣지 않고 임신중절을 했다.

'체르노빌 방사성 물질에 의한 피폭량은 기형의 염려를 하지 않아도 될 정도이다'라고 하는 취지의 견해를 C 교수는 신문에 싣고자 생각했으나 취소했다. 이것을 실으면, 독자의 대부분은 체르노빌 오염이 사실은

무서운 것이라고 역으로 해석한다고 생각했기 때문이다. C 교수의 판단
은 옳았다. 당시의 헝가리 시민은 체르노빌 방사능 오염에 의해서 공황
상태였었다. 다음의 사실은 그때의 심각성을 말해 준다.

체르노빌 사고로부터 2개월간은 헝가리에서 태어난 신생아의 체중이
의미 있게 저하했다(표 4-1). 이것은 임신 여성이 방사능 오염의 공포에
질린 결과이다.[1] 왜냐하면, 죽음의 재의 선량은 월간 약 0.01rad이었기
때문이다. 헝가리는 신생아의 건강에 관해서 세계 제일 우수한 등록 제도

년	월	조산[a] 의 %	년	월	조산[a] 의 %
1971~1980		11.0	1986	5월	10.7**
1981		10.2	1986	6월	10.7**
1982		9.9	1986	7월	9.8
1983		9.8	1986	8월	9.9
1984		10.1	1986	9월	9.1
1985		9.9	1986	10월	8.8
1986		9.8	1986	11월	9.6
1986	1월	9.7	1986	12월	10.2
1986	2월	9.2	1987	1월	9.8
1986	3월	10.1	1987	2월	9.7
1986	4월	10.0	1987	3월	9.6

표 6-1 | 헝가리에 있어서 조산빈도의 월별 변화
 a) 신생아의 체중이 2.5kg 이하의 것
** $p < 0.01$ (x^2 검정)

그림 6-1 | 체르노빌 원자력발전 사고에 의한 방사성 강하물에 기초한 초년도 피폭량의 나라별 분포

를 채용하고 있다.

이 제도의 덕분으로 모친의 방사선에 대한 공포심이 태아의 건강에 영향을 주는 것이 과학적으로 증명되었다.

그리스에서는 체르노빌 방사능의 공포 때문에 태아를 중절한 경우가 수천 건이었다고 하는 역학적 조사가 보고되어 있다. 마찬가지로 방사능 공포증이 지나쳐서 태아를 중절한 모친은 전 유럽에 10만 명 이상에 달했다고 한다.

임신 중 피폭으로 태아에 기형 또는 지능 저하가 일어나는 것은 수 rad 이상의 방사선을 쪼였을 때이며, 1rad 이하의 피폭을 염려할 필요는 전혀 없다(2장 6절 참조). 실제의 유럽 각국의 체르노빌 방사능 오염에 의한 피폭선량은 1년간의 합계로도 0.2rad 이하에 지나지 않았다(그림 6-1). 올바른 과학정보를 전달하는 시스템이 현대 문명사회에 결여되어 있다.

최근, 구소련을 방문한 의학자로부터 침통한 이야기를 들었다.

사고 후의 방사능의 오염 제거를 위해서 군대 수십만 명이 피폭량 25rad를 한도로 동원되었다. 그래서 동원 해제 후 얼마 있다가 병에 걸렸는데, 방사능 때문에 불치병에 걸렸다고 생각하여 자살한 사람이 나왔다는 것이다.

방사능 공포증을 일으킨 거짓 정보 쪽이 실제의 죽음의 재와 비교할 수 없을 정도로 유해하다는 것이 실증되었다. 나는 방사능 공포증의 원인을 매스컴의 과대 보도 탓으로 돌리는 것에 찬성하지 않는다.

공포증의 첫째 원인은 '방사선은 어떠한 미량이라도 독이다'라고 하는 생각이 세상의 일반적 상식으로 되어 있는 것이다. 이 생각은 방사선 방호 전문학자의 기본적 신념이다. 매스미디어의 보도자는 이런 생각을 얼마간 과대하게 표현하고 있는 것에 지나지 않는다. 이런 생각에는 과학적 근거가 없다고 하는 것, 저선량 피폭의 실제 정보를 피폭한 주민에게 알기 쉽게 정확히 알리는 노력을 방사선 전문가가 게을리 하고 있다. 원인의 둘째는 주민이 많은 정보 중에서 올바른 정보를 냉정히 가려내는 노력을 충분히 하지 않았기 때문이다. 방사선 전문가의 한 사람으로서 첫째 원인을 제거하는 노력을 게을리한 것을 깊이 반성하였다.

과학의 진보에 뒷받침된 문명사회를 누리고 있는 사람은 옛날에 왕후 부호만이 즐기던 윤택한 생활을 하고 있다. 그러나 과학은 유익하기도, 유해하기도 하다. 올바른 정보를 모르면 인간은 감정에 좌우되어 잘못된 판단을 한다. 무지는 죄악이 아니나 종종 유해할 수가 있다.

3. 체르노빌 방사능 고오염지대는 정말로 위험한가

⑴ 방사성 강하물에 의한 인체의 피폭량

체르노빌 사고 직후 최고의 방사능을 표시한 강하물은 방사성 아이오딘이었다. 그러나 방사능의 세기는 8일에 반감하고, 16일에 4분의 1로 감소하기 때문에 2개월 후에는 거의 없어졌다. 그후, 죽음의 재의 방사능의 주역은 방사성 세슘이다(그림 3-6). 이것은 30년이 지나지 않으면 방사능이 반감하지 않는다. '이것에 오염된 야채나 고기를 먹으면 체내가 30년간이나 방사능으로 오염된다'. 이것은 비전문가를 위협하는 데 잘 쓰이는 꾸며낸 이야기이다. 상식적으로 알려지고 있는 원소는 체내에 섭취되더라도 얼마 있으면 대부분은 체외로 배설된다. 세슘도 예외는 아니다. 헝가리에서의 측정 결과를 보자. 그림 6-2에 표기한 것처럼, 체내에 섭취된 방사성 세슘은 체르노빌 사고의 직후에 급증하여 약 반년 후에 최고에 달하고 1년 후부터 점점 줄어들었다.

죽음의 재도 필수 미네랄로서 매일 섭취하고 있는 칼륨 중의 방사성 칼륨도 방출하는 방사능은 동일한 것이다(그림 6-6). 다른 점이 있다면, 그것은 방출된 방사선의 양이다. 이것은 당연한 일이라고 독자들의 많은 사람은 생각할 것이다. 그러나 다음 사실을 잘 생각하기 바란다. 정부의 통보로 식품의 방사능이 1kg당 370Bq(베크렐) 이상일 때는 그 수입이 금지되고 있다. 어떤 진지한 판매조합은 1kg당 37Bq 이상의 식품 기호품

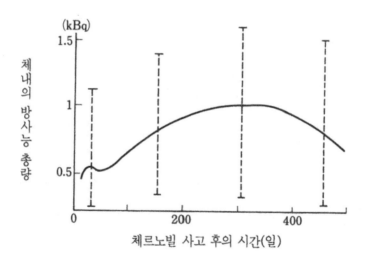

그림 6-2 | 체르노빌 사고로 방출된 세슘137의 인체 내에의 섭취 총량의 시간적 변화. 지상 표면 밀도를 4kBq/㎡이라고 가정한 토지의 주민에 대한 시뮬레이션. 세로의 점선막대는 65% 신뢰 한계의 폭.

은 판매를 하지 않는 방침을 취했다. 이것은 올바른 정보를 가르치지 않고 사는 사람의 감정에 호소하는 판매 방침이고, 이성을 소중하게 다루어야 할 문명사회의 규칙을 위반하는 행위이다. 왜냐하면, 우리의 체내에 약 3,000베크렐의 방사성 칼륨이 있는 것을 가르치면 이성이 있는 사람은 자연량의 수 퍼센트의 방사능 함유 식품을 개의치 않을 것이라고 생각하기 때문이다.

체르노빌 사고에 의한 방사성 세슘의 오염의 최고값은 대지 1m 당 150만 Bq이상이다(1988년의 값, 그림 1-2 참조). 150만이라고 하는 큰 숫자를 듣기만 해도 많은 사람은 두렵게 생각한다. 그러나 올바르게 두려워하기 위해서는 방사능 단위 Bq로부터 연간 피폭량 단위(rad/년)로 환산하는 원리를 알아 놓을 필요가 있다.

실제 측정 자료를 단순화해서 설명한다. 그림 1-2의 구소련 지도에서도 표시한 것 같이, 방사성 강하물의 농도는 지상의 1㎡당 방사성 물질, 예를 들면 세슘137의 방사능의 세기(Bq 단위)로 표시한다. 이 오염 표면 밀도를 S(Bq/m)라고 쓰기로 한다. 이 값은 헝가리 각지에서 장기간 상세히 측정되었다. 이 측정과 동시에 인체 내에 섭취된 방사성 세슘의 총량 C(kBq/인)도 많은 시민에 대해서 계속적으로 측정되었다. 이들의 측정값을 기초로 해서 체내 피폭량 Y(rad/년)와 S값과 C값 사이의 관계가 정력적으로 구해졌다.[2] 이 보고[2]에 있는 방사성 세슘134의 데이터도 고려하면 다음의 근사식이 얻어진다.

$$Y(rad/년) = 5C(100만 Bq/전신)$$
$$= S(100만 Bq/㎡) \qquad (1)$$

(1)식을 쓰면 그림 1-2의 구소련의 최고 오염지구에 사는 사람의 체
내 세슘 오염량은 약 30만 Bq(이상), 그것에 의한 연간 내부 피폭량은
1.5rad(이상)로 된다. 지상의 방사성 세슘으로부터 감마선이 방출된다.
그 양이 내부 피폭선량과 거의 같은 정도의 피폭량이 된다. 따라서, 구소

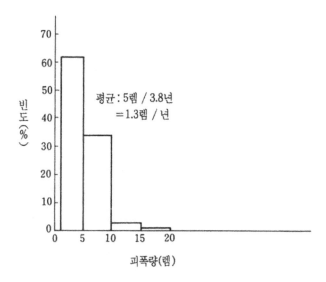

그림 6-3 │ 벨라루스, 우크라이나, 서부 러시아에 산재하는 '고방사능 경계지구' 주민의
개인 피폭 추정 선량의 분포 히스토그램. 횡축은 사고로부터 1988년 말까지의 누적선량.

련의 최고 오염지구의 연간 피폭 총량은 약 3rad(이상)가 된다.

즉 이 지구의 죽음의 재 세기는 체내의 총 방사능의 양으로 표시하면 자연방사성 칼륨의 100배(이상)이고, 총 피폭선량으로 표시하면 자연피폭량(연간 0.1rad)의 30배(이상)이다.

그림 6-3은 그림 1-2의 고오염지역의 주민 27만 명을 개인의 피폭선량값에 따라서 4단계로 나누어 빈도분포를 표시한 것이다. 이것은 구소련의 전문가의 최근의 보고[3]를 간략히 도시한 것이다. 이 그림의 횡축은 38년간의 누적 피폭량이다. 따라서 1년간에는 최고가 약 5rad가 된다. 이 값은 식(1)에 의한 계산값과 거의 일치한다.

(2) 죽음의 재 오염지로부터 소개하지 않은 사람의 정의

구소련 방사선 방호위원회의 발표에 위하면 벨라루스, 북부우크라이나, 서부러시아 각 공화국 내의 고오염 주 이름(그림 1-2 참조), 방사능 계엄규제 지구 내의 인구(총수 약 27만 명)와 그곳의 생애 피폭 추정량, 집단생애 선량, 피폭에 의한 암사망률의 추정값은 표 6-2와 같다.

생애 피폭량이 35rem 이상의 지구의 주민의 소개(疏開)는 1990년부터 시작했다. 소개, 기타의 방사선 방호규제를 완전히 실시하면, 암 사망을 70명 감소시킬 수가 있을 것이라고 추정되고 있다(표 6-2). 이 추정 수는 자연 암 사망의 0.2%에 지나지 않는다. 이 거액 장비의 '방사선 방호규제'가 유익한가 어떤가는 의심스럽다.

최근, 벨라루스의 고오염지구 고멜 주(그림 1-2)를 방문한 방사선 영

향의 전문의학자 S 교수는 신문에서 다음과 같이 말하고 있다.

"가장 충격적인 것은 당국으로부터 퇴거를 요구받고 있는데도 위험지역에 남아 있는 주민이 많다는 것이다. 농민들이므로 토지에 대한 집착이 강할 것이다. 고농도 오염지역에 살고 있기 때문에 고향을 잃는 괴로움과 그후 생활의 어려움은 알 수 있지만, 하여

주	선량별 인수(만 인) 생애선량[a](렘)			총 인 수 (만 인)	집단선량 (만 렘·인)		피폭에 의한 백혈병사의 증가%		피폭에 의한 기타의 암 사망 증가%	
	34 이 하	35 | 50	51 이 상		소개없음	규제[b]	소개없음	규제[b]	소개없음	규제[b]
고멜	7.6	0.6	0.4	34.0	211	176	2.0	1.7	0.7	0.5
모기레프	1.5	0.5	0.3	13.5	79	48	3.9	2.4	0.9	0.5
지토미르	2.7	0.2	0.2	10.8	93	77	2.6	1.7	0.8	0.7
키예프	0.8	1.2	0.1	3.6	72	42	3.8	2.2	0.9	0.5
브란스크	9.0	1.4	0.7	15.4	272	197	1.6	1.2	0.6	0.5
합계	21.6	3.9	1.7	77.2	726	539	2.1	1.5	0.7	0.5
방사선에 의한 암사망 증가 추정수 (70세까지)							21인	15인	244인	180인
자연암사망 추정 총수(70세까지)							1,240인		38,746인	

표 6-2 | 체르노빌 방사능 오염 계엄규재 지역의 생애 피폭선량 추정값의 분포와 피폭에 의한 암 사망률 증가의 추정
a 1989년 4월 26일부터 70세가 되기까지의 총 피폭 선량의 추정값(이주하지 않는다고 가정).
b 1990부터, 생애 선량 35rem 이상의 지역으로부터의 소개 등의 방사선 방호규제가 실시된 경우의 추정값.

간 고선량 지역으로부터 퇴거하는 것이 병을 예방하는 제일 좋은 방법인데."

이 의견은 방사선 방호학, 방사선 영향학 전문가의 대다수 의견을 대표하고 있다. 왜냐하면, 35rem 이상의 지구로부터 주민을 소개시킬 방침[3]은 국제 원자력기구, 국제 방사선 방호위원회, UN과학위원회 (UNSCEAR) 등 전문가의 찬성을 얻어 구소련의 국제 방사선 방호위원회가 결정한 것이기 때문이다.

나는 이 방사선방호 전문가의 위험 예측보다는 소개에 저항하고 있는 주민의 정의 쪽에 찬성한다. 즉 소개 명령에 반대해서 마을에 남아서 사는 주민 쪽이 소개된 주민보다도 오래 살 가능성이 높다고 나는 생각한다. 실제의 자료에 의하면, 저수준방사선을 쪼인 사람은 쪼이지 않은 사람보다도 건강 상태가 좋은 경우가 많기 때문이다.

구체적 자료의 내용과 그 검토는 다음 절 이하로 넘기고 여기서는 고오염지역에서 소개를 하지 않고 버티고 있는 용감한 사람에게 다음과 같은 격려의 말을 해주고 싶다. '자신의 집, 토지, 음식물이 얼만큼 오염되어 있는가에 관해서 개인적으로 염려를 하지 않는 편이 현명하다. 오염에 대한 염려를 오늘부터 잊으라. 왜냐하면, 오염된 우유도 오염된 고기도 오염된 밀로 만든 빵도 오염되어 있는 야채도 오염되지 않은 것과 맛도 영양도 변함없다. 체내가 오염되어도 아프지도 가렵지도 않다. 오염은 얼마 뒤에 배설된다.

단, 조금은 절제하라. 흡연 빈도를 반으로 줄이고, 보드카의 양도 조금 줄이고 과식하지 않도록 하고, 과로나 지나친 걱정을 하지 않고 신선한 야채를 먹고 적당한 운동을 하고, 정든 토지에서 지금처럼 자연생활을 즐기라'. 이것은 잘 알려져 있는 암 예방의 수칙이다.[4-6] 그렇게 하면 소개한 사람보다 장수할 것이다. 소개하면 잡다한 스트레스가 쌓이고, 다른 습관에 적응해야 한다. 스트레스는 암의 진전을 조장한다. 절제 있는 생활을 하면, 방사선을 쪼인 편이 장수한다고 하는 증거는 다음 절 이하에 소개한다.

4. 중국의 고자연방사능 지역의 건강 조사

중국의 광둥성(廣東省) 양장시(阳江市)에는 대지의 자연방사능이 높은 곳이 있다(그림 6-4). 여기서 70세까지의 생애 피폭선량은 평균 38rem으로, 그 폭은 35~52rem이다. 구소련의 규제를 실시하면 양장현의 고자연방사능 지구의 주민은 전부 소개되어야 한다. 중국의 방사선 전문가는 소개 따위는 생각지도 않는다. 그것에는 과학적 근거가 있다. 이 지구 주민의 건강을 오랜 기간에 걸쳐 조사했더니, 그들의 건강 상태는 대조 지구—방사선의 수준이 보통인 지구—보다 나쁘지 않고, 도리어 좋다는 것이 최근 알려졌다.[4] 이하 그 자료를 소개한다.

대조지역으로서는 양장시에 인접한 언핑시(恩平屬), 타이산(台山市)에서 지형과 주민의 생활양식이 비슷한 농촌을 선정했다(그림 6-4). 우주선을 포함한 외부 감마선에 의한 평균 연간 피폭선량은 고자연방사능 지구에서 0.21rad, 대조 지구에서 0.077rad이다. 선량계를 개인마다 달아 달

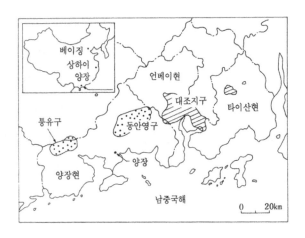

그림 6-4 | 중국 광둥성의 고자연방사능 지구(▦)와 대조 지구(▨)의 위치를 표시하는 지도

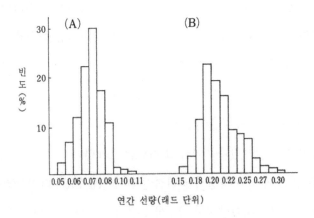

그림 6-5 | 중국의 대조 지구(A)와 고자연방사능 지구(B) 주민의 외부 감마선에 의한 연간 피폭량의 개인별 분포

라고 해서, 개인별의 피폭선량도 측정되었다. 개인별의 피폭량은 상당한 폭을 가지고 있으나 그 분포가 두 지구에서 겹치는 일은 없다(그림 6-5). 그림 6-3은 그림 1-2의 고오염지역의 주민 27만 명을 개인의 피폭 선량 값에 따라서 4단계로 나누어 빈도분포를 표시한 것이다. 이것은 구소련

선원	연간 실효 선량당량 (0.1렘 단위)	
	고방사능지구	대조지구
외부조사(소계)	2.10	0.77
대지방사선	1.82	0.50
우주선	0.27	0.27
체내조사(소계)	3.37	1.30
칼륨40	0.18	0.18
루비듐87	0.006	0.006
라듐226	0.06	0.02
라돈222	0.03	0.01
동상붕괴산물	1.63	0.66
라듐228	0.32	0.12
^{220}Rn 과 ^{216}Po	0.10	0.01
^{212}Pb 와 ^{212}Bi	1.04	0.29
합계	5.47	2.07

표 6-3 | 고방사능 지구와 대조 지구에 있어서 자연방사선에 의한 연간의 실효선량당량

암발생 부위	고방사능지구		대조지구		P값
	사망수	사망률**	사망수	사망률**	
상인두	94	9.84	109	10.45	>.05
식도	13	1.40	16	1.49	>.05
위	53	5.60	47	4.44	>.05
간장	115	12.05	145	13.92	>.05
소장	16	1.70	25	2.38	>.05
폐	25	2.65	35	3.29	>.05
유방	7	0.75	13	1.25	>.05
자궁경구	13	1.37	5	0.45	<.05
백혈병	31	3.02	33	3.39	>.05
골육종	5	0.52	6	0.59	>.05
기타	95	9.91	99	9.44	>.05
합 계	467	48.81	533	51.09	>.05

표 6-4 | 고자연방사능 지구와 대조 지구에 있어서 부위별 암 사망률(105명·년당, 1970~1986); 남녀합계*
* 고방사능 지구에서는 1,008,769명·년; 대조 지구에서는 995,070명·년.
** 고방사능 지구와 대조 지구의 합계 집단을 써서 정정한 값.

의 전문가의 최근의 보고[3]를 간략히 도시한 것이다. 이 그림의 횡축은 38년간의 누적 피폭량이다. 따라서 1년간에는 최고가 약 5rad가 된다. 이 값은 식(1)에 의한 계산값과 거의 일치한다.

(2) 죽음의 재 오염지로부터 소개하지 않은 사람의 정의

구소련 방사선 방호위원회의 발표에 위하면 벨라루스, 북부우크라이나, 서부러시아 각 공화국 내의 고오염 주 이름(그림 1-2 참조), 방사능 계엄규제 지구 내의 인구(총수 약 27만 명)와 그곳의 생애 피폭 추정량, 집단생애 선량, 피폭에 의한 암사망률의 추정값은 표 6-2와 같다.

생애 피폭량이 35rem 이상의 지구의 주민의 소개(疏開)는 1990년부터 시작했다. 소개, 기타의 방사선 방호규제를 완전히 실시하면, 암 사망을 70명 감소시킬 수가 있을 것이라고 추정되고 있다(표 6-2). 이 추정 수는 자연 암 사망의 0.2%에 지나지 않는다. 이 거액 장비의 '방사선 방호규제'가 유익한가 어떤가는 의심스럽다.

지구	조사한 명·년의 수	사망률 (10^{-5})	β값* (95% 신뢰 한계)	P값
고방사능지구	207,900	143.8[299]	−14.6%	0.04
대조지구	224,380	168.0[377]	(−24.8, −3.0%)	

표 6-5 ㅣ 고자연방사능 지구와 대조 지구의 40~70세 주민의 백 혈병 이외의 암 사망률
* 컴퓨터 프로그램 "AMFIT"를 써서 푸아송 레귤레이션 모형: R_{HB}(S, T, A)=H_{CA}(S, T)(1+βA)을 맞추었다. 여기서 S=sex, T=age, A는 1일 때 고방사능 지구, 0일 때 대조 지구를 표시한다. β는 방사능 지구의 사망률이 대조 지구의 사망률을 넘은 과잉사망비를 표시한다. []괄호 내의 숫자는 암 사망 수이다.

최근, 벨라루스의 고오염지구 고멜 주(그림 1-2)를 방문한 방사선 영향의 전문의학자 S 교수는 신문에서 다음과 같이 말하고 있다.

"가장 충격적인 것은 당국으로부터 퇴거를 요구받고 있는데도 위험지역에 남아 있는 주민이 많다는 것이다. 농민들이므로 토지에 대한 집착이 강할 것이다. 고농도 오염지역에 살고 있기 때문에 고향을 잃는 괴로움과 그후 생활의 어려움은 알 수 있지만, 하여간 고선량 지역으로부터 퇴거하는 것이 병을 예방하는 제일 좋은 방법인데."

이 의견은 방사선 방호학, 방사선 영향학 전문가의 대다수 의견을 대표하고 있다. 왜냐하면, 35rem 이상의 지구로부터 주민을 소개시킬 방침[3]은 국제 원자력기구, 국제 방사선 방호위원회, UN과학위원회(UNSCEAR) 등 전문가의 찬성을 얻어 구소련의 국제 방사선 방호위원회가 결정한 것이기 때문이다.

나는 이 방사선방호 전문가의 위험 예측보다는 소개에 저항하고 있는 주민의 정의 쪽에 찬성한다. 즉 소개 명령에 반대해서 마을에 남아서 사는 주민 쪽이 소개된 주민보다도 오래 살 가능성이 높다고 나는 생각한다. 실제의 자료에 의하면, 저수준방사선을 쪼인 사람은 쪼이지 않은 사람보다도 건강 상태가 좋은 경우가 많기 때문이다.

구체적 자료의 내용과 그 검토는 다음 절 이하로 넘기고 여기서는 고오염지역에서 소개를 하지 않고 버티고 있는 용감한 사람에게 다음과 같은 격려의 말을 해주고 싶다. '자신의 집, 토지, 음식물이 얼만큼 오염되

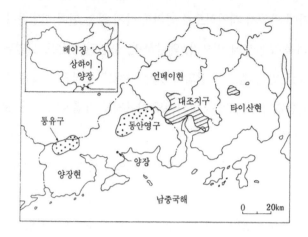

표 6-4 | 고자연방사능 지구와 대조 지구에 사는 여성을 의학적으로 검사해서 본 갑상선 결절

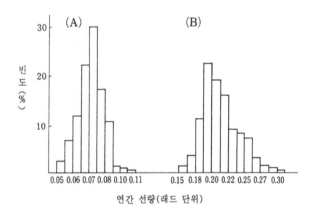

그림 6-5 | 고자연방사능 지구와 대조 지구 주민의 염색체 이상의 비교

어 있는가에 관해서 개인적으로 염려를 하지 않는 편이 현명하다. 오염에 대한 염려를 오늘부터 잊으라. 왜냐하면, 오염된 우유도 오염된 고기도 오염된 밀로 만든 빵도 오염되어 있는 야채도 오염되지 않은 것과 맛도 영양도 변함없다. 체내가 오염되어도 아프지도 가렵지도 않다. 오염은 얼마 뒤에 배설된다.

단, 조금은 절제하라. 흡연 빈도를 반으로 줄이고, 보드카의 양도 조금 줄이고 과식하지 않도록 하고, 과로나 지나친 걱정을 하지 않고 신선한 야채를 먹고 적당한 운동을 하고, 정든 토지에서 지금처럼 자연생활을 즐기라'. 이것은 잘 알려져 있는 암 예방의 수칙이다.[4-6] 그렇게 하면 소개한 사람보다 장수할 것이다. 소개하면 잡다한 스트레스가 쌓이고, 다른 습관에 적응해야 한다. 스트레스는 암의 진전을 조장한다. 절제 있는 생활을 하면, 방사선을 쪼인 편이 장수한다고 하는 증거는 다음 절 이하에 소개한다.

4. 중국의 고자연방사능 지역의 건강 조사

중국의 광둥성(廣東省) 양장시(阳江市)에는 대지의 자연방사능이 높은 곳이 있다(그림 6-4). 여기서 70세까지의 생애 피폭선량은 평균 38rem으로, 그 폭은 35~52rem이다. 구소련의 규제를 실시하면 양장현의 고자연방사능 지구의 주민은 전부 소개되어야 한다. 중국의 방사선 전문가는 소개 따위는 생각지도 않는다. 그것에는 과학적 근거가 있다. 이 지구 주민의 건강을 오랜 기간에 걸쳐 조사했더니, 그들의 건강 상태는 대조 지구—방사선의 수준이 보통인 지구—보다 나쁘지 않고, 도리어 좋다는 것이 최근 알려졌다.[4] 이하 그 자료를 소개한다.

대조지역으로서는 양장시에 인접한 언핑시(恩平屬), 타이산(台山市)에서 지형과 주민의 생활양식이 비슷한 농촌을 선정했다(그림 6-4). 우주선을 포함한 외부 감마선에 의한 평균 연간 피폭선량은 고자연방사능 지구에서 0.21rad, 대조 지구에서 0.077rad이다. 선량계를 개인마다 달아 달라고 해서, 개인별의 피폭선량도 측정되었다. 개인별의 피폭량은 상당한 폭을 가지고 있으나 그 분포가 두 지구에서 겹치는 일은 없다(그림 6-5). 체내에 섭취된 자연방사성 원소, 예를 들면 칼륨40, 라돈 붕괴산물 등이 체외 감마선에 의한 선량보다 많다(표 6-3). 1년간에 몸 밖과 안으로부터 받는 방사선의 총 피폭의 평균값은 고자연방사능 지구에서 0.55rem, 대조 지구에서 0.21rem이다(표 6-3).

두 지구 모두 인구는 약 8만 명이다. 그중에서 2세대 이상 같은 지구에 살고 있는 한민족계 주민만을 조사했다. 표 6-4에 표시한 것처럼, 1970년에서부터 1986년까지의 조사 총 수는 100만 명·년에 달했다. 이 조사에 의하면, 고자연방사능 지구 쪽이 대조 지구보다도 평균 연간 암사망률이 낮다(표 6-4). 낮은 정도는 근소하여 통계적으로는 의미 있는 차는 아니다. 그러나 누적 피폭 선량이 많아지는 40세 이상의 주민에 한정해서 비교하면 표 6-5에서 알 수 있는 바와 같이, 암(백혈병을 제외)에 의한 연간 사망률이 고자연방사능 지구에서 대조 지구보다 의미 있게 낮다. 즉 어느 정도 방사선을 쪼이는 쪽이 신체에 유익하다는 것이 시사되었다.

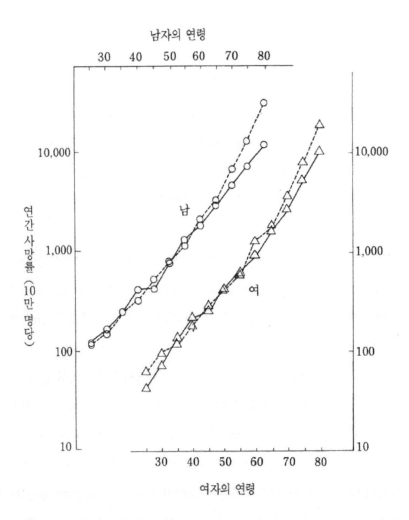

표 6-6 | 나가사키의 원폭 피폭자(피폭 수첩 소지자) 중의 남성(실선 상의 ○) 또는 여성(실선 상의 △)과 수첩을 갖고 있지 않은 남성(점선 상의 ○) 또는 여성(점선 상의 △)의 연간 사망률의 비교 종축; 1970~1976년간의 연간 평균 사망률. 횡축; 조사연령으로 5세마다의 평균, 예를 들면 30세는 30~34세의 평균.

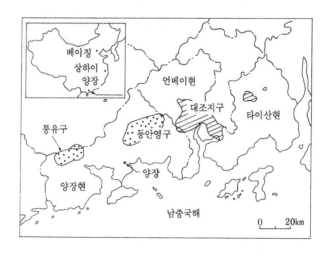

그림 6-7 | 나가사키 원폭 방사선 피폭 남성의 사망비와 피폭선량의 관계. 사망비는 그림의 횡축에 표시한 피폭량의 아집단과 이것에 연령분포가 일치하도록 선정된 피폭량 0의 아집단에 있어서 1970~1988년간의 사망 수를 그림에 표시한 사인별로 각각 합계해서 양자의 비로소 구한값. *: $p < 0.05$

단, 표 6-5에 사용된 통계적 검정법은 좀 후한 것이므로 결정적 결론은 더 조사가 필요하다고 중국 학자는 기술하고 있다.[4]

암 이외에 유전병, 기형, 기타 여러 가지 질병도 조사했으나 자연방사선 피폭량의 차이로 귀착하는 병은 하나도 발견되지 않았다. 이 가운데에서 흥미 있는 조사 결과하나를 하나 다음에 기술한다.

체르노빌 사고로 대량의 방사성 아이오딘이 방출되었는데, 즉시 위험 계산을 한 방사선 방호학의 전문가가 있다. 그것에 의하면, 10rad 이상

성	연령	피폭한 사람		피폭하지 않은 사람
		1래드 이상	0.5래드 이하	
남	30 ~ 39	205	201	188
	40 ~ 49	375	489	419
	50 ~ 59	1,036	1,201	957
	60 ~ 69	2,119	2,485	2,640
	70 ~ 79	6,342	6,856	8,856
	80 이상	15,758	16,319	32,673
여	30 ~ 39	78	87	103
	40 ~ 49	218	224	223
	50 ~ 59	428	569	519
	60 ~ 69	833	1,303	1,516
	70 ~ 79	3,242	4,161	5,305
	80 이상	13,158	12,626	19,643

표 6-8 | 나가사키 원폭을 피폭한 사람과 피폭하지 않은 사람의 연간 평균 사망률(10만 명당)[a]의 비교
a) 1970~1976년간의 조사 결과(나가사키 대학 의학부 원폭 자료센터에 의한다).

피폭하면, 갑상선 병이 일어난다고 하는 예측이다.

이 예측의 적부(適否)를 시험하기 위해서 50~65세의 여성(남성보다 갑상선 이상에 민감) 1,000명을 각각 광둥성의 고자연방사능 지구(누적선량 12~16rad)와 대조 지구(4~6rad)로부터 선정해서 조사했다. 표 6-6에서 알 수 있는 바와 같이, 10rad 이상 피폭한 고자연방사능 지구 주민에게 갑상선 병이 의미 있게 높지는 않았다.

고자연방사능 지구의 주민 쪽이 대조 지구의 주민보다 건강 상태 가

좋다고 하는 중국 학자의 조사 결과는 상아탑 시대에 '미량 방사선 독성설'을 믿고 있던 나에게는 놀라운 일이다. 특히, 말초혈구의 염색체이상 빈도가 50세 이상의 노년에서 비교하면 고자연방사능 지구 쪽이 대조 지구보다 의미 있게 높은 사실(표 6-7)에 주목하고 싶다. 이것은 두 지구의 연간 피폭량의 차 0.3렘의 축적효과라고 생각된다. 조혈조직의 세포에, 어쩌면 다른 조직의 세포에도, 저준위피폭에 의한 상처가 나 있는 것이 틀림없다. 그럼에도 불구하고 저준위 방사선은 인간의 건강을 증진시키고 있다. 이것이 중국 학자의 조사 결과를 검토해서 내가 얻은 결론이다. 이 결론이 일반적으로 들어맞는가 어떤가 알기 위해서 일본의 원폭 피폭자나 구미의 저준위 피폭자에 관한 역학적 조사자료를 다음 절 이후에서 검토한다.

5. 원폭 피폭 수첩 소지자의 추적 조사

3절(2)의 설교나, 앞절의 중국 과학자의 조사 결과를 믿지 않는 사람이라도 사실로서의 그림 6-6을 보기 바란다. 그렇게 하면, 내가 기술한 것을 조금 믿는 마음으로 될 것이다. 이것은 나가사키(長崎)에서 원폭을 맞은 사람과 맞지 않은 사람의 연간 사망률을 원폭 후 약 30년이 지나서 비교한 것이다.[6] 50세까지는 피폭한 사람과 그렇지 않은 사람의 연간 사망률은 차가 없다. 그런데 60세를 넘으면, 피폭한 사람 쪽이 사망률이 낮다. 남녀 모두 원폭을 쪼이면 오래 산다고 하는 결과로 되었다. 이 논문이 발표될 무렵 나는 상아탑 속에 있었다. 당시의 나는 이 논문의 내용을 다음과 같이 해석해서 낮게 평가했다.

그림 6-6에서 피폭한 사람이라고 하는 것은 피폭 수첩—원폭 투하시 나가사키현에 살고 있던 것을 인지해서 그 증거로서 나가사키현이 발행한 수첩—을 가지고 있는 사람이다. 이 수첩을 가지고 있는 사람은 건강 검사도 질병(원폭 방사선과 관련 있는 질병에 한정)의 치료도 무료이다. 따라서, 수첩을 가지고 있는 사람은 가지고 있지 않은 사람보다도 건강에 조심하는 습관이 붙어 있을 것이다. 이러한 조금의 배려가 보통 생활을 하고 있는 사람보다 피폭한 사람에 장수의 은혜를 가져다 주었을 것이다. 그림 6-6의 사실에 대해서 이 논문의 저자 등도 기타의 거의 모든 전문가

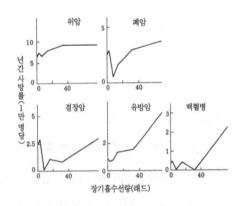

그림 6-8 | 나가사키 원폭방사선의 피폭량과 연간 평균사망률의 관계를 암의 부위별로 표시한 것

암종류	'문턱값'
백혈병	36래드
폐암	28래드
유방암	8래드
결장암	54래드
위암	없음

표 6-9 | 저수준 원폭 방사선의 발암 억제 효과의 지표 '문턱값'[a]

암종류 '문턱값'a) 그림 6-8의 나가사키의 암사망률 대 선량의 반응곡선에 관해서 설명한다.
피폭량 36rad일 때, 암사망률이 선량 0의 피폭하지 않을 때보다 암사망률이 낮다. 결국,
36rad는 암 억제선량 구역의 최댓값이라고 생각된다.

도 여기서 기술한 것과 비슷한 해석을 했다.

그림 6-6 발표 후 7년이 지나서 독일에서 방사선 호르미시스 효과의
기구에 관한 이론(5장 5절(4) 참조)을 발표했다. 이 이론이 발표되었으므
로, 사람에서 호르미시스 효과가 일어나는 증거에 흥미가 생겼다. 그래
서 그림 6-6의 장수 현상은 방사선 호르미시스 효과의 발현이 아닌가하
는 생각이 들었다. 그래서 나가사키 대학 의학부 원폭 자료센터 사람들과
공동으로 다음과 같은 조사를 시작했다. 우선, 피폭 수첩을 가지고 있는
사람들 사이에서 피폭량이 적당히 증가하면 사망 수(1970~1988년 사이
의 합계)가 감소하는 경향이 있는가 어떤가를 조사했다.[7] 그 결과, 그림

6-7에 나타낸 것처럼, 남성의 경우 50~100rad를 피폭한 사람들의 전 사망 수는 피폭하지 않은 사람보다 약 10% 적은 것이 알려졌다. 그러나 이 10%의 이익 효과는 통계적으로는 의미가 없다. 그래서 암 이외의 병에 의한 사망으로 조사한 결과, 35%나 사망 수가 적었다. 이 35%라는 값은 통계적으로 의미 있다. 즉 50~100rad의 방사선이 남성에게 장수효과를 주었다. 그러나 그림 6-7에서 알 수 있는 바와 같이, 암 사망에 대해서 조사하면 1~49rad의 선량 이외의 중고선량의 피폭군은 어느 것이든 그 사망률이 피폭하지 않은 군보다 높다. 즉 방사선은 해를 주었다. 다시 말하면, 저중선량의 방사선은 해와 이익의 양쪽을 인체에 준다. 남성의 경우,

선량(래드)	인수	백혈병 사망		기타의 전암사망	
		수	빈도(%)	수	빈도(%)
0	34,272	58	0.17	2443	7.13
1 ~ 9	23,321	38	0.16	1655	7.10
100 ~ 199	1,946	23	1.2	221	11.4
위험값(%)					
5		0.03		0.14	
150		1.0		4.3	

표 6-10 | 원폭을 쪼인 사람 중의 암 사망(1950~1985)의 빈도와 피폭선량(DS86)의 관계 및 직선 가설에 의한 위험의 추정값

이익이 해보다 아주 조금 많기 때문에 전 사망에 비하면 저중선량 피폭은 적은 이익을 주었다. 이것이 그림 6-7의 해석이다.

그러면 여성에겐 왜 방사선 피폭의 유익 효과가 현저하게 나타나지 않았는가. 그 이유는 아직 알려져 있지 않다. 그러나 이 문제에 관련해서 그림 6-6에 사용한 자료를 재검토해 보았더니 흥미로운 결과가 얻어졌다. 자료센터의 연구자에게 그림 6-6의 곡선의 자료 중에서 피폭 수첩을 가지고 있는 사람 가운데 피폭선량이 알려져 있는 사람을 빼내서 그 사람들의 사망률을 다른 사람들과 비교해 달라고 했다. 놀라운 것은 이 사람들이 60세 이상에서는 가장 사망률이 낮다(표 6-8). 아직 예비적 조사이어서 현재는 신중히 검토되고 있는 중인데 이 표대로라면 여성이 남성보다 방사선에 의한 장수 이익을 받고 있다.

나가사키 원폭 방사선을 쪼인 사람의 골수세포는 피폭선량에 거의 비례해서 염색체이상 빈도가 증가하고 있으므로(그림 6-6) 방사선이 인체의 세포에 손상을 입히는 것이 틀림없다. 그럼에도 불구하고 조금의 방사선이라면 쪼인 쪽이 인체에 이익을 준다는 것이 중국과 일본의 건강 조사에서 거의 확실해졌다. 따라서, 체르노빌 방사능 고오염지구에서 소개하지 않고 남을 결심을 한 주민에게 일본의 원폭 피폭 수첩과 비슷한 것을 배포하여 수첩 소지자에 특별한 건강진단과 치료를 받는 특권을 주면 어떤가. 오래 살아 정이든 오염지구에서 즐겁게, 그러나 조금 절제를 하면서 이 수첩을 받고 생활하는 사람들 쪽이 방사능이 없는 신천지로 소개한 사람들보다도 장수한다고 생각한다.

구소련의 방사선 방호위원회에게 건의한다. 체르노빌 피폭 수첩을 교부해서 다른 나라의 방사선방호·영양학회에 페레스트로이카를 가져오게 하라. 이것은 원폭을 쬐인 나가사키 사람들이 그 신체를 희생해서 얻은 과학적 지혜로써, 마찬가지로 방사선에 고생하는 이웃 구소련의 원자력 발전 방사선 피폭자에 가르쳐주고 싶다. 나는 그 중계를 하고 있는 것에 지나지 않는다.

6. 원폭 저수준방사선에 의한 암 사망률과 '문턱값'

그림 6-8은 나가사키 원폭 방사선에 의한 암 사망률(1950~1985)과 피폭선량의 관계를 나타낸다. 이것은 신선량 추정법(DS86)을 써서 재조사한 최신자료 중에서 나가사키 저선량 역(域)만을 소개한 것이다. 그림으로부터 위암을 제하면 백혈병, 폐암, 결장암, 유방암 모두에 있어서 조금 피폭

선량(래드)	인수	백혈병 사망		기타의 전암사망	
		수	빈도(%)	수	빈도(%)
0	34,272	58	0.17	2443	7.13
1 ~ 9	23,321	38	0.16	1655	7.10
100 ~ 199	1,946	23	1.2	221	11.4
위험값(%)					
5		0.03		0.14	
150		1.0		4.3	

표 6-11 | 미국 백인 여성 라듐 도장 종사자의 선량별 암사망률

선량(래드)	인수	백혈병 사망		기타의 전암사망	
		수	빈도(%)	수	빈도(%)
0	34,272	58	0.17	2443	7.13
1 ~ 9	23,321	38	0.16	1655	7.10
100 ~ 199	1,946	23	1.2	221	11.4
		위험값(%)			
5		0.03		0.14	
150		1.0		4.3	

표 6-12 | 백인 여성 라듐 도장 종사자의 사인별(관측사망 수 대 기대사망 수)의 비
*: p<0.05, **: p<0.01

한 사람 쪽이 피폭하지 않은 사람보다 암사망률이 낮다. 피폭량이 증가해서 피폭 0일 때의 사망률과 같은 사망률을 주는 선량을 가령 '문턱값'이라고 부르기로 하면, 표 6-9와 같이 된다. 예를 들면, 백혈병의 문턱값은 36rad이다. 이 값은 이리인 부총재가 체르노빌 사고에서 채용한 안전선량 '35rad'와 우연히 일치한다.

위에서 설명한 문턱값은 '외견상의' 문턱값이라고 불러야 하겠다. 암사망자의 조사 수가 적었으므로 그림 6-8의 경우는 우연히 문턱값이 나타났을 가능성이 있다. 히로시마 원폭에서는 고속 중성자의 저선량 역 추정값이 실측값의 수 분의 1에 지나지 않고, 그림 6-8과 같은 저선량 반응 곡선의 자료로서는 신뢰할 수 없다. 그러나 통계 오차를 줄이기 위해서는 조사 인수를 늘릴 수밖에 없다. 히로시마와 나가사키의 피폭 자료를 합계

하면 표 6-10과 같이 된다. 피폭량 1~9rad의 집단에서는 백혈병도 기타의 전 암사망률도 피폭하지 않은 집단보다 높지는 않다. 이 자료는 적은 양은 피폭해도 그다지 염려하지 않아도 된다고 이야기해 준다.

표 6-10에 대해서 UN과학위원회나 국제 방사선 방호위원회의 전문가는 나와는 달리 다음과 같이 해석한다. 100~199rad, 즉 평균 150rad 피폭군에서는 암사망률이 비피폭군에 비해서 상승하고 있다. 따라서, 이 상승분을 사용하면 150rad 피폭은 백혈병을 1% 증가시키는 것이 된다(표 6-10). 따라서 1~9.9rad의 평균값 5rad 피폭집단의 위험은(선량에 비례한다고 가정해서) 백혈병의 0.03% 증가와 기타 암사망률의 0.14% 증가라고 그들은 주장한다. 그런데 실제로는, 저선량을 피폭한 사람의 암사망률은 피폭하지 않은 사람보다 낮다(표 6-10). 이에 대해서 그들은 다음과 같이 주장한다. 표 6-10 중의 1~9rad 피폭집단은 백혈병에서도 기타의 암에서도 사망자가 진짜 수보다 마침 약 9명과 약 41명씩 적었기 때문이라고.

나와 같이 자료를 있는 그대로 해석하는 입장의 사람은 소수파이다. 미량이라도 방사선은 유해하다는 실제 증거는 없으므로 체르노빌 주변에서 방사능 오염에 괴로워하고 있는 사람들은 미량 방사선 독성설을 믿지 말고 방사선 공포증으로부터 해방되는 편이 현명하지 않은가. 다수파가 항상 올바르다면 중세의 암흑과 같지 않겠는가. 과학적 판단은 사실에 기초를 둔 일본인의 데이터만으로는 신용할 수 없다고 생각하는 사람이 적지 않다고 생각한다. 원폭피폭한 일본인은 면역력이 강한 사람이 살아남았을 가능성이 강하므로 일본인의 원폭피폭 자료를 사용하면 방사선의 위험을 과소평가하는 결과가 된다 주장하는 과학자가 있다. 이와 같은 비판에 대응하기 위해서 다음 절에서는 서양인의 자료에 관해 기술한다.

7. 서양인에서 볼 수 있는 방사선의 유익 효과

라돈은 현재 폐암의 원인이라고 생각되고 있어 규제가 구미에서는 시작되었다. 그러나 라돈이 폐암의 원인일 직접적인 증거는 존재하지 않는다. 예를 들면 그림 6-9로부터 알 수 있는 바와 같이, 실제의 미국 백인여성의 폐암사망률-흡연율이 낮은 그녀들이 가정 내 노무에 전념하고 있던 1950~1960년대의 조사자료-은 라돈 농도가 높은 지구 쪽이 낮다.

미국과 영국에서는 1930년대에서 1960년대 초기까지 여성이 라듐 도장작업(시계 눈금판에 라듐과 형광물질의 혼합물을 칠하는 작업)에 종사했기 때문에 골육종이 많이 발생했다. 이 골육종에 의한 사망자를 제외하고 나머지 사람의 건강 상태에 관한 조사가 행해졌다. 이 사람들은 라듐 도포제 앞에서 일을 했기 때문에 라듐으로부터 방출되는 저수준의 감마선을 장기간 쪼이면서 일을 했다. 표 6-11에 보인 것처럼 감마선 피폭 선량에 따라서 3군으로 나누어 보았는데 암 발생률은 전암에서도 부위별 암에서도 선량에 따라서 증가하는 경향을 보이지 않는다.

한편, 라듐 작업자군과 대조군에서 원인별로 사망자 수 비를 취해 보면 표 6-12와 같이 된다. 전 사인에서는 미국의백인 여성에서는 라듐 작업자 쪽이 사망 수가 적다. 영국의 조사에서는 암 이외의 사인으로 비교하면 라듐 작업자 사망 수가 적다. 이 생각지 않은 결과에 대해서 이 보고의 저자들은 건강한 사람이 이 일에 종사했기 때문이라고 해석하고 있다.

나는 그림 6-9와 표 6-12의 조사 결과를 다음과 같이 해석하고 있다. 이들 3군은 백인 여성이 피폭자이어서 그녀들에도 저수준방사선이 건강 상에 이익을 초래했다. 즉 서양인에도 중국인이나 일본인에서 발견된 것 처럼 저수준방사선의 유익 효과가 일어날 증거가 얻어졌다. 따라서, 중국 의 학자가 최초로 시사적 증거를 보인 '저수준방사선의 사람의 건강에 미 치는 유익 효과'는 일반적 현상일 가능성이 높다.

실험동물, 식물, 미생물, 배양 세포 등에 저선량을 쬐면 자극 효과—종 종 유익 효과—가 나타나는 일이 있다. 이것은 방사선 호르미시스 효과라 불리고, 연구의 기운이 최근 나오고 있다[13](5장 5절). 이 장에서 기술한 것 은 사람에게도 방사선 호르미시스 효과가 일어나는 것을 시사한다.

8. 방사선의 문턱값과 인체의 암 저항력

표 6-9의 문턱값의 존재는 통계적 의의 검정에서는 승인되지 않으나, 생물학적으로는 많은 상황 증거로 지지받는다. 그 하나를 기술한다.

사람은 쥐에 비해 수명에서 약 30배, 체중에서 약 2,000배이다. 따라 서, 자연돌연변이(세포분열의 횟수에 비례해서 발생)가 개체의 일생에 발 생하는 총수는 사람 쪽이 쥐의 6만 배가 된다. 그러므로 돌연변이가 암화 의 주원인이라면, 당연히 사람은 쥐보다 6만 배 암에 걸리기 쉬울 것이 다. 사실은 반대로 사람 쪽이 쥐보다 암에 걸리기 어렵다. 즉 인간의 암의 근본적 수수께끼는 왜 사람에서는 암의 진전(그림 6-6)이 느린가 라고 하는 것이 된다.[4-1] 이 수수께끼를 푸는 열쇠는 사람의 수명이 포유류 중에서 가장 긴 요인 중에 있는 것이라고 생각된다.

쥐의 섬유아(纖維芽) 세포는 시험관 내에서 용이하게 불사화(不死化)하여 이윽고 암화한다. 그러나 사람의 섬유아세포는 시험관 내에서는 자연으로는 절대로 불사화하지 않고 약 50회 분열하면 분열 정지한 '노화세포가 되어 반드시 죽는다(암화하지 않는다, 5장 4절). 이 노화세포와 암세포를 융합하면 암세포도 분열을 정지하여 암화는 고쳐진다(그림 6-9). 인체 내의 세포는 노화하면 자신의 분열정지-자살-를 위한 단백질을 생산한다고 하는 규칙을 엄수한다. 만일에도 이 규칙을 지키지 않는 노화세포가 출현한다면 어떻게 되는가. 그 세포는 높은 확률로 악성암 특질을 가지는 방향으로 진행한다.

사람의 세포가 노화하면 분열정지 단백을 대량생산해서 자폭하는 것은 강인한 암화 저항력의 발현이다.[5-19]평균수명 80세 시대가 되었다. 사람이 장수인 사실은 암화 저항기능도 우수하기 때문이다. 이와 같이 각별히 훌륭한 기능은 사람이 진화과정(그림 5-7)에서 획득한 것이 틀림없다.[5-19] 따라서 이 저항기능이 정상으로 작용하는 범위 내의 소량의 선량이면, 방사선의 발암독성의 위험은 존재하지 않을 것이다.

불행히도 방사선 피폭으로 암억제 유전자를 1개 잃은 경우를 생각하자. 이때도 암이 되는 것을 방위해 주고 있는 유전자가 아직 많이 남아 있다(그림 6-6). 따라서, 배를 7분, 8분 채우라는 가이바라(貝原益軒)의 가르침[5장 4절 또는 6장 3절(2) '암 예방의 수칙' 참조]을 지켜서 느긋한 마음을 가지고 생활하면 암이 될 위험은 도리어 줄어든다고 생각된다. 예로부터의 속담 '일병식재(一病息災, 병이 하나 있으면 큰재해를 막는다)는 명언이다. 전(前) 암 상태의 세포가 체내에 상당수 발생해도 각각을 건강한 세포가 둘러싸서 나쁜 전 암세포가 무리를 늘리지 않도록 억제한다.[4-2] 이것은 세포사회의 질서유지 기능이다. 인체 내의 세포사회 질서유지 기능은 발군으로 발달해 있다. 이 때문에 사람은 포유류 중에서 최장수한다.[3-5] (그림 5-7). 포식하든지 조직에 손상이 생기면, 이 질서유지 기능이 저하하여 따돌려져 있던 나쁜 세포가 무리를 늘려 도당을 짜고 세포사회의 질서를 어지럽히는 기회와 규모가 늘어난다. 어지러움 상태가 계속되면, 최후에는 암이라는 이름의 세포사회병이 발생한다[4-9](그림 4-6).

암이 발생하는가 어떤가는 1개의 나쁜 변이세포가 발생하는가 어떤가의 문제는 아니고 체내의 세포사회의 질서기능이 견실한가 어떤가의 문제이다. 장수명의 인체는 질서유지 기능이 각별히 향상한 조직으로 만들어져 있다. 이 선조로부터 계승한 뛰어난 기능을 살리도록 하는 생활을 하면 장수의 은혜를 받게 된다.

맺음말

이 책의 구판 독자로부터 '원폭 피폭 2세이기 때문에 유전병을 염려하면서 살아왔다. 이 책을 읽고 안심했다.'라고 하는 내용의 편지를 받았다. 이와 같은 염려에 더욱 정중하게 답하기 위해서 개정판 에서는 원폭 방사선의 유전적 영향의 조사 결과를 표 2-5에 추가했다.

병 때문에 몇 번이고 방사선 진단을 받은 사람이나 그와 같은 자녀를 가진 어머니로부터 '병의 진단 때문에 몇 번이나 방사선에 피폭됐어요. 병은 아직 치료되지 않아요. 이건 방사선 피폭 탓은 아닐까요? 방사선은 약간이라도 위험하다고 들었거든요.' 이러한 주지의 편지나 전화를 많이 받았다. '방사선은 미량이라도 위험하다'라고 해서 위협을 주는 사람이 의학을 모르는 과학자나 자칭 방사선 전문가에 많다. 이러한 위협은 과학적 근거가 없다. 이런 일은 이 책에서 소개한 저선량 피폭의 건강 조사 자료로부터 알 수 있을 것으로 생각한다.

6장의 그림·표의 대표적인 것을 특별히 빨리 제작해 주어 '방사선은 정말로 위험한가'라고 하는 공개 강연회[1990년 12월 3일 도쿄 도라노몬의 교육회관, 일본 방사선영향학회 주최, 개회사 다노오카 회장(田ノ岡

安會長), 사회 오쿠마(大能由紀子) 아사히 신문 논설위원]때 자료로서 배포했다. 이 자료를 이 강연회에 출석하지 못한 사람들로부터의 요청으로 송부했다. 어려웠으나 반복해서 읽어서 '아이가 병의 진단으로 방사선을 몇 번이고 쪼이는 것에 관해서 염려하지 않기로 했습니다'라고 하는 내용의 회답을 받았다.

유아는 방사선에도 약하지만, 정신적 스트레스에도 약하다. 어머니의 지나친 걱정은 자식에게 악영향을 준다. 스트레스는 암 촉진의 유력한 요인이기도 하다. 그러나 생명에 대해서 무신경해서는 곤란하다. 올바르게 염려하는 것이 중요하다.

참고 문헌

서장

(1) 日本學術會議原子爆彈災害調查報告書刊行委員會編『原子爆彈災害調查報告集』日本學術振興會 (1953).

(2) 都築正男編『放射線の影響 : 國際聯合科學委員會報告書 1958년』學術月報, 別冊資料 第3號 (1958).

(3) 近藤宗平「宇宙飛行における放射線の生物作用」Radio-isotopes 18, 147~159 (1969).

(4) 仁科紀念財團編『原子爆彈-廣島·長峰の寫眞と記錄』光風社 (1973).

(5) 近藤宗平『生命を考える-遺傳子·進化·放射線』岩波現代選書 (1982).

1장

(1) 前田哲男·農峰博光·吉田義久監修『核ーいま, 地球は…』講談社 (1985).

(2) British Medical Association (Ed.) The Medical Effects of

Nuclear War, John Wiley & Sons, Chichester, 1983.

(3) 廣潮陰『ジヨン・ウェインはなぜ死んだか』文藝春秋 (1982).

(4) Lyon, J. L., Gardner, J. W., West, D. W. & Schussman, L.：Further information on the association of childhood leukemias with atomic fallout, Banbury Report 4：145~162 (1980).

Enstrom, J. E.：The nonassociation of fallout radiation with childhood leukemia in Utah. ibid.：163~186.

(5) 高木仁三郎編『スリーマイル島原發事故の衝撃』社會思想社 (1980).

(6) 原子力安全委員會·日本學術會議編『美國スリー・マイル・アイランド原子力發電所事故の提起した諸問題』大藏省印刷局(1980).

(7) 橋誌雅『醫療被曝 Q&A』メディカルインデックス社 (1981).

(8) 菅原努編『被曝, 日本人の生活と放射線』マグブロス出版, 東京 (1984).

2장

(1) 檜山義夫編『放射線影響の研究』東大出版會 (1971).

(2) 原爆災害誌編集委員會編『廣島·長崎の原爆災害』岩波書店 (1979).

(3) 宮島純子·岡島俊三·池谷元伺「ESR法による原爆放射線量測定」『長崎醫學雜誌 59巻特集號 第25回原子爆彈後 障害研究會講演集』長崎醫學會 51~57 (1984).

⑷ 近藤宗平『分子放射線生物學』學會出版センター (1972).

⑸ 山田一正·吉川敏「骨髓移植」『臨床免疫 handbook』日本臨床春季增刊 (1984).

⑹ 村上則之「放射能症患者における精子生成障害の經過について」『外科の領域』7卷 1070~1083 (1959).

⑺ 江上信雄編『放射線障害の回復』朝倉書店 (1970).

⑻ 菅原努·上野陽里『放射線基礎醫學』改訂版, 金芳堂 (1975).

⑼ 國連科學委員會報告 1977년『放射線の線源と影響』(放醫研監譯) アイ·エス·ユー社 (1978).

⑽ 加藤監夫「原爆被爆者にみられる晩發障害」『環境と人體 I』(中馬一郎他編) 東大出版會 54~80 (1982).

⑾ 管原努監修『放射線はどこまで危險か』マグブロス出版, 東京 (1982).

⑿ 中馬一郎·近藤宗平·武部啓編『環境と人體 II 環境變異原』東大出版會 (1983).

⒀ 國連科學委員會報告 1982년.

⒁ 住藤千代子·淺川順一·藤田幹雄·高橋規夫·鄕力和明·影岡武士·迫能二「放射線影響研究所における遺傳生化學調查—原子爆彈の遺傳的影響」『醫學のあゆみ』129卷 5號 T113~T117 (1984).

⒂ Neel, J. V., Schull, W. J., Awa, A. A., Satoh, C., Kato, H., Okae, M., and Yoshimoto, Y.: The children of parents exposed to atomic bombs : Estimates of the genetic doubling dose of radiation for humans. Am. J. Hum. Genet. *46* 1053~1072 (1990).

3장

⑴ 日本放射性同位元素協會編『アイソトープ便覽』丸善KK (1970).

⑵ 西村秀雄·安田峯生·江峰一郎·山村英樹『奇形Ⅰ』現代外科學大系 8卷 A 中山書店, 東京 (1974).

⑶ K. L. Moore : 『Moore 人體發生學』(星野一正譯) 醫齒藥出版 (1977).

⑷ J. Langman : Medical Embryology 4th Ed., Williams & Wilkins Co. (1981). Ⅲ-3, 8.

⑸ Alberts, B., Bray, D., Lewis, J., Raff, M., Roberts, K., Watson, J. D. : Molecular Biology of the Cell, Second Ed. Garland Publishing, New York (1989).

⑹ 井尻憲一「やさしい stem-cell (幹細胞) 入門」放射線生物研究 18 卷 1~14 (1983).

⑺ 島田義世「生殖細胞の放射線感受性」放射線生物研究 19卷 229~240 (1984).

⑻ 管原勞·山田正篤·江上信雄·堀川正克編『放射線細胞生物學』朝倉書店 (1968).

⑼ 山根績·岡田善雄·通川正克·黑木登志夫編『體細胞遺傳學』理工學社,

東京 (1982).

⑽ 武部啓『DNA修復』UP Biology, 東大出版會 (1983).

⑾ Efstratiadis, A., Posakony, J. W., Maniatis, T., Lawn, R. M., O'Connell, C., Spritz, R. A., DeRiel, J. K., Forget, B. G., Weissman, S. M., Slightom, J. L., Blechl, A. E., Smithies, O., Baralle, F. E., Shoulders, C. C. & Proudfoot, N. J. : The structure and evolution of the human β-globin gene family, Cell 21 653~668 (1980).

⑿ 池永滿生「DNA修復の遺傳的支配」, 森脇和郎編『遺傳生物學』實驗生物學講座 13卷 8章, 丸善 (1984).

⒀ Friedberg, E. C. : DNA Repair, W. H. Freeman & Co., New York (1985).

⒁ Van Houten, B. : Nucleotide excision repair in Escherichia coli. Microbiol. Rev. 54 18~51 (1990).

⒂ Yoo M. A., Ryo, H. & Kondo, S. : Differential hypersensitivities of Drosophila melanogaster strains with mei-9, mei-41 and mei-9 mei-41 alleles to somatic chromosome mutations after larval X-irradiation. Mutation Res. 146 257~264 (1985).

4장

⑴ Cairns, J. : The origin of human cancers. Nature 289

353~357 (1981).

⑵ Trosko, J. E. Towards understanding carcinogenic hazards : A crisis in paradigms. J. Am. College of Toxicol. 8 1121~1132 (1989).

⑶ 吉澤康雄『放射線健康管理學』東垈出版會 (1984).

⑷ 釜洞の太郎『ガン物語』岩波新書, 岩波書店 (1965).

⑸ 杉村隆『發ガン人物質』中公新書, 中央公論社 (1982).

⑹ 小林博『ガンの豫防』岩波新書, 岩波書店 (1989).

⑺ Pitot, H. C. : Progression : the terminal stage in carcinogenesis, Jpn. J. Cancer Res. 80 599~607 (1989).

⑻ Cavence, W., Hastle, E. and Standbridge, E.,(ed) : "Recessive Oncogenes and Tumor Suppression," Cold Spring Harbor Lab., Cold Spring Harbor, N. V. (1989).

⑼ Kondo, S. : Tissue misrepair hypothesis for radiation carcinogenesis. J. Radiat. Res. 35(Suppl.) (in press) (1991).

⑽ Cohen, S. and Ellwein, L. B. : Cell proliferation in carcinogenesis Science 249, 1007~1011 (1990).

⑾ 上代激人·黑木登志夫·清水信義·涉谷正史編『細胞增殖因子と發癌遺傳子』醫學のあゆみ第5上曜特集 133巻 13號 929~1160 (1985).

⑿『オンコロジア』「特集一癌の染色體」5巻 (1983),「特集一癌と Biological Response Modifiers」6巻 (1983),「特集一癌遺傳子」9巻

1984,「特集—癌の豫防」12卷 (1985).

(13) 松原謙一·岸本忠三『遺傳子工學と細胞融合』(山村雄一監修) 中山書店 (1983).

(14) 近藤宗平·野村大成·染治子「發癌性突然變異を考える—マウスとショウジョウバエを中心に」遺傳學雜誌 57卷 311~336 (1982).

5장

(1) 近藤宗平「生命の起源と進化の科學序說」『生命の起源と分子進化』(木村資生·近藤宗平編) 岩波講座現代生物科學 7卷 1~48 (1976).

(2) Cox, C. B. & Moore, P. D. Biogeography-An Ecological and Ecolutionary Approach 4th Ed., Blackwell Sci. Publications, Oxford (1985).

(3) Margulis, L. & Schwartz, K. V. Five Kingdoms - An Illustrated Guide to the Phyla of Life on Earth, W. H. Freeman and Co., New York (1982).

(4) 只木良也·吉良龍夫編『ヒトと森林』共立出版, 東京 (1982).

(5) 大澤省三·振賞「分子系統進化學事始」『自然』5月號 26~35 (1980).

(6) 木村資生編『分子進化學入門』培風館 (1984).

(7) 關口睦夫「變異と修復」大澤省三他編『DNA構造と動態』丸善KK, 第3章 (1989).

(8) Hoeijmakers, J. H. J. and Bootsma, D. : Molecular genetics of

eukaryotic DNA excision repair. Cancer Cells 2 311 ~320 (1990).

(9) 武復啓·清水信義『ヒトの遺傳子マッピング』講談社サイエンティフィック (1986).

(10) Ames, B. N., Saul, R. L., Schwiers, E., Adelman, R. & Cathcart, R. : Oxidative DNA damage as related to cancer and aging : the assay of thymine glycol, thymidine glycol, and hydroxymethyluracil in human and rat urine. Molecular Biology of Aging : Gene Stability and Gene Expression, Raven Press, New York pp. 137~144. (1985).

(11) 『臨床免疫學 handbook』日本臨床 42巻 春季增刊 (1984).

(12) 鈴木堅之·菅野聖逸『日光と空氣の醫學』東海大學出版會 (1984).

(13) 松永英『遺傳と人間』培風館 (1984).

(14) Fitzpatrick, T. B., Pathak, M. A., Greiter, F., Mosher, D. B. and Parrish, J. A. : Update : Dermatology in General, McGraw-Hill, New York (1983).

(15) Lewin, Roger : Human Evolution - An Illustrated Introduction, W. H. Freeman and Co., New York (1984).

(16) 江原昭善·大澤濟·河合雅雄·近藤四郎編『靈長類學入門』岩波書店 (1985).

(17) F.C.ハウエル『原始人』(寺田和夫譯) タイマライフインターナショナル 東京 (1970).

(18) Nei, M. : Molecular Evolutionary Genetics, Columbia Univ. Press, New York (1987).

Gibbons, A. : Our chimp cousins get that much closer. Science 250 376 (1990).

(19) 近藤宗平「壽命はプログラムされている」日本老年醫學雜誌 25卷 2號 97~104 (1988).

(20) 大島淸『サルとヒトのセクソロジー』メディサイエンス社 (1983).

(21) 太田邦夫·阿部裕·古川俊之編『老化이とは何か』サイエンス社 (1981).

(22) Namba, M., Nishitani, K., Hyodoh, F., Fukushima, F. & Kimoto, T. : Neoplastic transformation of human diploid fibroblasts by treatment with 60 Co gamma rays, Int. J. Cancer, 35, 275~280 (1985).

(23) 田內久·黑田行昭『細胞の老化』公立出版 (1981).

(24) 具原益軒『養生訓』(全現代語譯·伊藤友信譯) 講談社學術文庫 (1982).

(25) 鈴木大拙『선と日本文化』改版, 岩波新書, 岩波書店 (1964).

(26) 特集「放射線ホルミシス」放射線生物研究, 113卷 4號 (1988).シッ

(27) T. D. ラッキー 著『放射線ホルミシス』(松平實通監譯) ソフト

サイエンス社 (1990).

(28)『日本放射線影響學會 33回大會講演要旨集』(1990).

(29) Makinodan, T. & James, S. J. : Health Phys. 59, 29~34 (1990).

6장

(1) Czeizel, A. and Billege, B. : Teratologic evaluation of pregnancy outcomes in Hungary after the Chernobyl nuclear power accident. Orvosi Hetilap 129 457~462 (1988) (in Hungarian with English abstract).

(2) Feher, I. : Experience in Hungary on the radiological consequences of the Chernobyl accident Environment International, 14 113~ 135 (1988).

(3) Ilyin, L. A. et al. : Radiocontamination patterns and possible health consequences of the accident at the Chernobyl nuclear power station. Radiol. Prot. 10(No. 1) 3~9 (1990).

(4) Wei, L., Zha, Y., Tao, Z., He, W., Chen, D., and Yuan, Y. : Epidemiological investigation of radiological effects in high background radiation areas of Yangjiang, China. J. Radiat. Res., 31 119~136 (1990).

(5) Chen, D. : Chromosome aberrations in lymphocytes of

inhabitants in high background radiaton areas of Yang-jiang. In, Abstracts for Summarization Meeting of the High Background Radiation Research Group. Taishan, Guangdong, China, pp. 17~19 (1988).

⑹ 三根眞理子·中村剛·森弘行·近藤久義·岡島俊三「長峰市における原爆被爆者の死因ならびに死亡率の解祈」日本公衆衛生雜誌 28卷 7號 337~342 (1981).

⑺ Mine, M., Okumura, Y., Ichimaru, M., Nakamura, T., and Kondo, S. : Apparently beneficial effect of low to intermediate doses of A-bomb radiation on human lifespan. Int. J. Radiat. Res., 58 1035~1043 (1990).

⑻ Shimizu, Y., Kato, H., Schull, W. J., Preston, D. L., Fujita S. and Pierce, D. A.: Lifespan study report 11, Part 1. Comparison of risk coefficients for site specific cancer mortality based on the DS86 and T65DR shielded kerma and organ doses, RERF Technical Report 21~87, Hiroshima (1987).

⑼ Shimizu, Y., Kato, H., Schull, W. J., Preston, D. L., Fujita S. and Pierce, D. A. : Studies of the mortality of A-bomb survivors based on the DS86 and T65DR shielded kerma and organ doses. Radiat. Res., 118 502~524 (1989).

⑽ Cohen, B. L. : Expected indoor ^{222}Rn levels in counties with very high and very low lung cancer rates. Health Phys., 75 897–907 (1990).

(11) Rowland, R. E., Lucus, H. F. and Schlenker, R. A. : External radiation doses received by female radium dial painters. BIR Report 21 : Risks from Radium and Thorotrast, (ed. by D. M. Taylor et al.), British Institute of Radiology, London, pp. 67~72 (1989).

(12) Baverstock, K. F. and Papworth, D. G. : The UK radium luminizer survey. BIR Report 21 : Risks from Radium and Thorotrast, (ed. by D. M. Taylor et al.), British Institute of Radiology, London, pp. 72~76 (1989).

(13) 特集「放射線ホルミシス」放射線生物研究 113巻 197~253 (1988).